U0220685

总 策 划：司　晓　马永武

学术顾问：

邱泽奇　北京大学社会学教授

杨　健　腾讯研究院总顾问

廖　卉　腾讯高级顾问、HR 科技中心 People Analytics 负责人

主　　编

刘金松　周政华

研究团队

余潜倩　王焕超　窦淼磊　张　雨　陈　维　余　洁

蔡雄山　曹建峰　邓江波　魏玉槐　许莹琪　沈念祖

共生

科技与社会驱动的数字化未来

司晓　马永武　等

编　著

ZHEJIANG UNIVERSITY PRESS
浙江大学出版社

图书在版编目（CIP）数据

共生：科技与社会驱动的数字化未来 / 司晓等编著.
— 杭州：浙江大学出版社，2021.8
ISBN 978-7-308-21519-0

Ⅰ.①共… Ⅱ.①司… ②马… Ⅲ.①数字技术—普及读物 Ⅳ.①TP3-49

中国版本图书馆CIP数据核字（2021）第122785号

共生：科技与社会驱动的数字化未来
司 晓 马永武 等编著

策　　划 杭州蓝狮子文化创意股份有限公司
责任编辑 杨 茜
责任校对 卢 川
封面设计 邵一峰
出版发行 浙江大学出版社
（杭州天目山路148号 邮政编码：310007）
（网址：http://www.zjupress.com）
排　　版 浙江时代出版服务有限公司
印　　刷 杭州钱江彩色印务有限公司
开　　本 710mm×1000mm 1/16
印　　张 16.5
字　　数 206千
版 印 次 2021年8月第1版 2021年8月第1次印刷
书　　号 ISBN 978-7-308-21519-0
定　　价 59.00元

浙江大学出版社市场运营中心联系方式：（0571）88925591；http://zjdxcbs.tmall.com

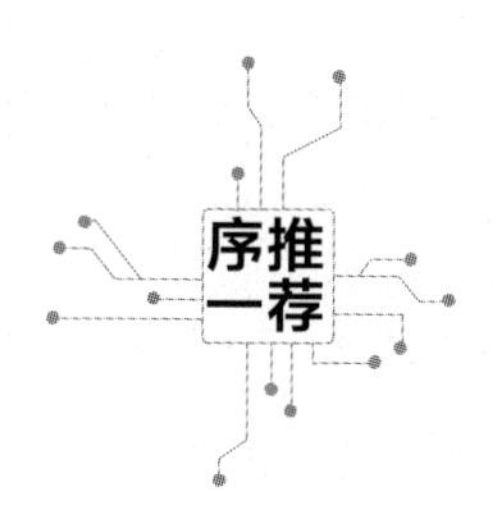

科技创新的责任与担当

马化腾　腾讯公司董事会主席兼首席执行官

两年前，我们将科技向善升级为腾讯新的使命愿景，为公司科技创新、业务发展树立新的奋斗目标。两年来，公司沿着这个方向积极探索，在科技适老、乡村振兴、智慧医疗、无障碍 AI 技术等领域出现了可喜的变化。尤其是在去年新冠疫情暴发后的危急时刻，公司上下在抗击疫情过程中爆发出前所未有的创新热情、责任感与创造力，让我们深刻感受到科技向善蕴含的巨大能量，也促使我们决定把推动可持续社会价值创新与“扎根消费互联网、拥抱产业互联网”一起纳入我们的核心战略。

战“疫”的过程中，原有的边界被打破，创新的空间被打开。从满世界寻找战“疫”物资，到通宵达旦开发数字战“疫”产品，公司员工团结一心，开放协作，事来即应。防疫健康码、腾讯医典、实时疫情地图等产品，及时支持数字战“疫”；腾讯会议、微信消费券、在线教育等服务，助力各行业复工复产。每一个解决方案背后，都蕴含着科技向善所激发的“向善力、创新力”，帮助腾讯突破组织边界、产品边界，打开新空间。

“科技为先、社会价值为先”的理念深入人心。有了这样的理念加持，科技创新所面对的不再是行业与领域的限制，不再是短期数据与业绩的压力，而是推动解决社会痛点的时不我待、创造可持续社会价值的星辰大海。所以，这次疫情不仅是对技术能力、数字化能力的一次大考，也是对企业文化和价值观的一次检验。

经此一役，也让我们更加坚信，“科技向善”的重要目标，就是创造社会价值，探索可持续的未来。以科技向善为指引，用创新的方式，高质量、可持续地创造社会价值应该成为我们未来的一种常态。为此，在 2021 年 4 月 19 日，腾讯进行了新的战略升级，将“推动可持续社会价值创新”纳入公司核心战略，一起成为公司发展的底座，不断加大人力、物力、财力尤其是情感方面的投入，牵引所有核心业务，全面落实科技向善使命。

我们相信，在新发展格局下，科技创新不仅可以推动消费繁荣、助力产业升级，也将在更为广阔的社会价值创造领域大有可为。

回望中国互联网过去 20 多年的发展，我们从零起步，到如今成为全球数字进程中的重要力量，这当中离不开广大科研人员的创新与突破，离不开科技行业从业者的智慧与担当，更离不开过去几十年中国经济的大发展、大繁荣。移动互联网浪潮之后，我们正迎来新的科技创新暴发期，从硬件、软件到算法、材料、网络，各领域都有重要创新出现。例如，虚拟现实和增强现实技术正在逐渐成熟，人工智能领域也取得多个重要突破，区块链和物联网拓展了人类社会网络连接的边界，生物技术、新材料、3D 打印等技术为实现虚拟世界与现实世界的互动提供了新可能。

把握新一轮技术创新的战略机遇期，让技术红利惠及更多个人、组织和社会。这将是我们扎根消费互联网、拥抱产业互联网后的又一创新方向。

新一轮科技创新，要将可持续的社会价值创造作为重要标准。以科技企业参与碳中和为例，其意义不仅在于自身的节能减排，更重要的是通过加强科技创新，以碳中和为契机，倒逼我国低碳技术转型：一方面，集中力量攻克能源互联网、碳捕集利用与封存（CCUS）等低碳技术；另一方面，通过和产业互联网结合，促进经济社会向低碳、绿色、循环方向发展。

从创造用户价值到创造可持续社会价值的跨越，既是用户、社会对科技行业的共同期待，也是互联网科技历经多年发展后的必然选择。互联网科技嵌入社会如此深刻、如此广泛，在人类历史上前所未有。这要求我们超越过往经验，以创造可持续社会价值为目标，利用互联网科技助力解决社会痛点、增进社会福祉。

新一轮科技创新，要为构建更为和谐的人与自然关系服务。此次疫情的暴发，让我们更加关注人与大自然的关系，更加敬畏自然和生命。我们对自然和外部世界的未知远大于已知，青山绿水所构成的生态环境，不仅是我们赖以生存的家园，也是一套运行严密、相互均衡的系统。如果把人类与自然、人与其他物种的关系失衡看作是一个 bug（程序设计上可能引发故障的小缺陷），那疫情就是大自然对修复这个 bug 的一次预警。

作为科技企业，我们要更为关注企业运营对气候、水等自然环境的影响。

在探索以人工智能为代表的前沿科技应对地球重大挑战方面，要有更大的投入积极探索，大力推进节能减排、提升农业种植效率、合理开发和利用水资源，这是人类未来需要面对的最重要、最基础的问题之一。

面对未来，要相信科技、相信向善的力量。过去一年多的疫情应对，我们之所以能快速应对、率先恢复，离不开国家长期以来在数字基础设施上的投入，以及科技行业的长期积累和布局。科技创新提升我们日常的生活质量和生产效率，也在遭遇重大挑战的关键时刻，成为支撑社会运行的稳定器。

我们将继续加大在前沿科技和基础研发领域的投入，吸引世界一流科学家和工程师加盟，系统构建实验室矩阵，不断提升创新能力。我们相信，只有通过科技创新才能更好地解决当下的社会关切，才能让我们的社会更有韧性，才能在挑战来临时有更多的应对之策。

世界变幻，步履不停。面对未来，让我们以足够的信心、耐心和敬畏心推动科技创新与经济、社会的协同发展。“扎根消费互联网，拥抱产业互联网，推动可持续社会价值创新”，将帮助我们把公司社会价值的根基，深深扎在社会土壤之中，持续呼应国家与时代的需要，与不断发展的社会共生、共荣。

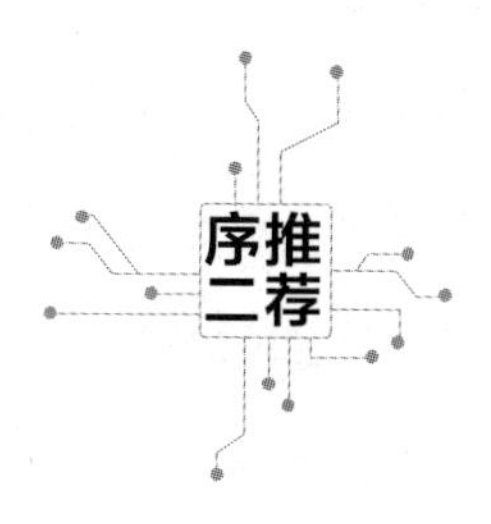

科技与社会的共生

邱泽奇　北京大学社会学教授

当我拿到这本书稿的时候，感到一阵欣喜。理由很简单，从腾讯提出将科技向善作为一种倡导开始，科技公司与社会对科技向善的理解与实践正在逐步迈向深入与务实，尤其是在新型冠状病毒肺炎疫情肆虐2020年之后。

科技公司是提供科技产品和服务的主体，愿意倾听社会的声音，是科技向善迈向务实的前提。与此同时，社会建设性地提供对科技产品与服务的诉求，则是让科技迈向向善的有效保障。

本书第4章收录了10篇来自社会各界的声音，大致可以分为两类。第一类是对疫情冲击的基本判断。朱恒源把企业、社会、技术放在疫情场景之下，指出尽管社会自身对科技的期待存在张力，但理解社会期待的复杂性依然是企业提供善的产品和服务的前提，理解人类的适应性滞后，其实需要整个产业界而不仅仅是科技界创新科技、企业、社会之间新的关系模式。姜奇平提供了一个节奏性判断，指出疫情提供的极端环境改变了以往虚拟经济与实体经济的融合方式，出现了“线下主动找线上”的模式，在产品与服务的关系中，把服务进一步推上前台，制造业的服务化迎来了一个转折点，从而把科技的社会价值推上了前台。廖卉从另一个视角指出，疫情的压力让“远程＋现场”快速成为新的工作场景常态。与此同时，平台服务在劳动力市场的拓展让共享用工也提早到来，同时对工作监管提出了新的需求。用人工智能监管劳动成为满足工作新常态的现实场景。进而，对人的人文关怀比以往任何时候都更加迫切，人工智能的伦理议题就此进入了社会的现实，科技向善不再只是科技公司的社会价值倡导，而是开始进入社会生活。

第二类是对科技反应的反思。刘海龙指出，原本，判断是人的基本权利，可是，我们却把它交给了算法，疫情成了这一进程的推手。常江也进一步指出，我们正在没有任何批判地拥抱科技带来的效率，却忽视了对技术的批判，进而直接丢弃了科技产品与服务中的人本精神。陈楸帆忧虑，当我们把一切都包给机器时，人类还会剩下什么？当我们把教育当成纯粹的技术，而丢弃了对自我的寻找，教育便失去了其价值内核。正是在这个语境之下，曾毅尖锐地指出，当下，社会对创新的诉求极高，忽视了对科技伦理的关注，人工智能的可持续发展亟须考量其对社会的长期影响，一方面要提升科技系统对社会的透明性，另一方面则需要通过跨部门、跨学科的协作，让社会的伦理倡导变成科技的伦理实践。可如此，会引发科技公司竞争方向的调整，一如陈晓萍所说，当科技的社会价值成为其产品和服务价值的重要组成部分时，企业的管理变革时机便已经出现，把企业的产品和服务价值融入社会价值之中，将是管理革命的风口，也是竞争超越的契机。琳达·格拉顿则从技术进步和疫情冲击的双重视角探讨了教育、就业、医疗健康等领域的新变化，以及新兴技术所扮演的角色。薛澜跳出企业的视角，站在社会一侧指出，企业是落实科技向善的主体，也是最有效率的主体，可规制依然是社会的、公共的。

我倒以为，科技创新的潮流势不可挡，历史如此，现实亦如此。其社会合法性，一如外卖场景被批判的算法，科技带来的是多方共赢逻辑的正反馈。批判科技对人类的负面影响是必要的，却不一定是必需的。这是因为批判不足以解决科技的负面影响，只有建设才能最大限度地抑制科技的负面作用。我还以为，数字科技的伦理建设的确到了转折点，可诉诸工业时代的伦理建设模式，不一定奏效。对企业的规制监管是必要的，却不一定要站在企业的对立面来进行监管。这是因为，从理论上讲，每一个科技创新与应用主体都可以被理解为数字时代的企业，把每一个社会行动者都作为其他行动者的对立面，显然不是有效的监管逻辑，不是监管的初心，更不是监管的目的。

顺应数字社会的特征，把相关利益主体纳入其中，从工业化时代的控制性监管转向数字时代的服务性和协同性监管，似乎更有机会发挥监管的效用。在这个逻辑下，热议的透明性看似是顺理成章的监管原则，殊不知并不能解决真正的难题。这是因为，即使把科技原理置于透明环境，不明逻辑依然无力监管，依然达不成监管目标。在科技创新如星辰般浩瀚与复杂的环境中，回归人的社会性初心，或许是社会与科技让科技向善的同归之途。

作为回应和呼应，在新冠疫情的极端场景下，科技公司又如何能从社会价值出发，实践科技为人类服务的目标？我们看到了谷歌具有一般意义的模型卡探索，也看到了快手的流量普惠，B 站对社区的再造，还有，运用科技对自闭症进行干预。

更值得期待的是积极倡导科技向善的腾讯科技在疫情中的尝试与努力。在人人禁足的环境下，线上是每个人真实与现实存在的空间，任何一条不经意的信息都可能有武器般的威力。其中，谣言成为干扰抗疫最重要的敌对力量。在抗疫过程中，削弱谣言的干扰性力量，是对抗疫最有力的保障。用数字技术辟谣，为科技向善做了最直接的诠释。在对抗谣言的同时，如何快速、精准地识别感染者，除了医学方案，还有更加智慧的方案吗？人工智能给了人类一个新的选择，运用人工智能强大的学习与归纳能力，通过影像和声音识别无症状感染者成为阻断病毒隐性传播、赋能人类与病毒赛跑的新利器。禁足是有效的抗疫管理措施，也是传统措施，从传染性疾病给人类带来危害开始，人类就在采用禁足措施阻断疾病传染。在人类还处在相互隔离的时代，禁足，不仅有效，而且对社会经济带来的负面影响也相对有限。可在一个高度互联的时代，禁足，无论对经济还是对社会，其影响都是巨大的。

2020 年，中国是唯一实现经济正增长的世界主要经济体，背后则是一系列科技与社会之间的关系难题，譬如，如何既控制疾病的传播，又保障经济和社会活动的有序开展？既为数字原住民赋权，又为数字移民赋能？等等，这些问题，不只是政府面对的社会公平性问题，更是科技公司面对的社会价值选择。科技公司运用数字技术为社会呈现了一份积极探索的答卷。

社会对善的诉求，无疑是理解科技带来社会后果的指引，积极的思考、忧郁的批判，都是我们需要面对的。更加重要的是，在科技貌似越来越具有自主性的时代，科技实践才是我们真正需要关注的，善意的倡导和批判，只有落实到为人类福祉的实践之中，科技向善才真正落到了实处。其中，科技与社会，缺一不可，共生，是运用科技增加社会福祉，用社会诉求推动科技创新的基本法则。

01 挑战：极限场景下的技术大考

04 改变：科技与社会共生的未来

01

挑战：极限场景下的技术大考

信息科技在2020年的新冠疫情阻击战中发挥了重要作用，为此次公共卫生危机的应对打上了数字时代烙印。在应对疫情所带来的极限考验中，不同的产品和技术从用户和社会需求出发，快速迭代、积极应战。这不仅是一场见招拆招的技术大考，更是一场面向未来的实战检验。

我们选取了“科技战疫”的四个片段，从时序上覆盖了疫情进展的不同阶段，分别考察科技如何应对疫情暴发之初的信息之争和严峻的生命考验，又如何支撑战疫走上精准化、智能化的道路。

经此一“疫”，我们更深刻地认识到，数字化技术的应用和普及不仅能在日常生活中提升我们的生活质量和生产效率，也将在类似此次疫情的关键时刻，成为支撑社会运行的稳定器。因此，持续推动数字化建设，不仅是立足当下，更是关切未来的选择。

正如腾讯公司董事会主席兼首席执行官马化腾所言：“随着新一轮科技革命和产业革命兴起，数字化进程正在空前加速，犹如一座大厦拔地而起。‘科技向善’不是坐而论道，不能凌空蹈虚，而要融入一行行代码、一个个产品、一项项服务。科技企业的重要使命和责任，就是为这座大厦打好地基。”

筑牢数字时代的大厦，依然任重道远。

阻击谣言：权威科普背后的“信息战”

在全球抗击疫情的战斗中，谣言成为干扰疫情防控的世界性难题。世界卫生组织将此种情况命名为“信息瘟疫”（infodemic）。联合国秘书长安东尼奥·古特雷斯更是指出：“不实信息的传播如毒药一般让更多人失去生命。”

疫情谣言的“病毒式传播”

新型冠状病毒肺炎暴发之初，其超强的传播力不断刷新人们的认知，让很多人陷入焦虑和恐慌。而与此同时，关于疫情的谣言也迅速扩散。

在各种信息平台上，关于疫情的谣言扑面而来：有的以“科学”为外包装，比如有谣言甩出“纳米”“细胞屏障”等术语，言之凿凿地宣布抽烟可以预防新冠病毒；有的谣言图文并茂，以聊天截屏还原“内幕”信息的发布现场；更有甚者，冒用权威人士的身份来“盖戳认证”，其中以“钟南山院士建议”开头的抗病毒谣言就有多种版本……

在这场公共卫生危机中，“病毒式传播”不再只是一种修辞，而是成为每个普通人的切身体验。根据 Allport 和 Postman 提出的谣言公式，谣言的流通量 = 事件的重要性 × 事件的模糊性。[①] 在疫情背景下，这些似是而非的信

① Allport & Postman. The Psychology of Rumor[M]. New York: Holt, Rinehart & Winston, 1947.

息动辄关乎个人和家人的生命安全，而传播它们又只需轻点屏幕，每个人都有可能成为错误信息的“易感对象”和“超级传播者”。

对于个人来说，获取科学、有效的信息是在疫情期间保全健康的前提条件。而在社会层面，如技术哲学家许煜所说，对抗新冠病毒的战争“是一场和错误信息、虚假信息的战争”，[①] 在这场信息战中，作为信息中枢的互联网平台发挥了重要作用。

将事实查证到底：技术加入疫情信息战

腾讯较真疫情辟谣特别版

有调查研究显示，在疫情期间，各种网络平台成为国内公众获取相关信息的重要来源，而商业新闻网站或其手机应用、视频类应用与中央级权威媒体的信息影响力相当。[②] 移动互联网使“永久连接、永久在线”成为普遍的生活方式，[③] 其所构造的线上空间成为疫情的“第二现场”，因此也成为错误信息的集散地和辟谣的主战场。在此背景下，腾讯较真团队加入辟谣前线，推出疫情辟谣特别版。

腾讯较真起步于 2015 年，从最早的新闻专栏成长为腾讯 PCG（平台与内容事业群）的辟谣平台。较真平台所积累的辟谣资源和经验在此次疫情辟谣战中发挥了重要作用。

① 许煜．遵循民族国家的逻辑，全球“共同免疫体”永远无法实现 [EB/OL]. (2020-04-21) [2021-02-01]. https://www.thepaper.cn/newsDetail_forward_7062809.

② 楚亚杰，陆晔，沈菲．新冠疫情下中国公众的知与行——基于“全国公众科学认知与态度”调查的实证研究 [J]. 新闻记者，2020(5): 3-13, 96.

③ 周葆华．永久在线、永久连接：移动互联网时代的生活方式及其影响因素 [J]. 新闻大学，2020(3): 84-106, 120.

较真平台建立了独有的三级鉴定体系和循证体系，对每一条查证内容都进行严格的上线前审核。三级鉴定体系保证了平台面对流言和不断发展的情况，不做“一刀切”式的粗暴处理。面对科学问题，团队对参考文献要求极其严格，遵循循证原则；面对社会民生类问题，团队则在逻辑和多证据交叉印证上进行审核，并随时邀请专家顾问团从专业角度为内容把关。

从具体呈现来看，腾讯较真平台对谣言的鉴定结果细分为“谣言”“有失实”“确实如此”三类，每一条谣言之后都会附上来自多方信息源的查证要点，并明确标注查证者的资质。如此，“辟谣”有据可依，公众不仅知其然，更知其所以然。

基于严格的鉴定体系和专家顾问的专业把关，较真平台的辟谣呈现出真实性、及时性和专业性的特点，能够快速处理不同类型的网络谣言。如“戴多层口罩才能有效预防病毒”“喝高度白酒蒸桑拿能防病毒”等，尤其是对于“中成药双黄连口服液可抑制新型冠状病毒”的专业查证，在很大程度上减少了大众不理智的哄抢行为。

针对疫情期间不同类型的谣言，较真团队也会采取不同的处理策略。一些事关重大举措的谣言，比如涉及“交通出行”的谣言，虽然传播快但核实辟谣也容易，这时候的关键就是要抢速度，迅速用真相压制谣言；一些很容易引起恐慌的信息似真实假，比如“钟南山建议全国人民在家隔离两周”，对这类信息的辟谣需要反复传播，不厌其烦；至于一些荒诞不经的谣言，比如“花露水、香油、万金油、白醋、吹风机乃至童子尿可以防疫”，因为也有公众关心甚至轻信，不能因其荒诞而嗤之以鼻，反而更要严肃对待，建立公众对辟谣平台的信任感（见图 1–1）。

截至 2020 年 8 月 6 日下午，“新型冠状病毒肺炎”疫情辟谣特别版已为

图 1-1 腾讯较真推出较真榜和详情页面

用户提供超过 7.48 亿次服务，共发表真假查证类文章 657 篇，对在疫情期间阻击谣言传播做出了重要贡献。

国外互联网科技公司抗击“信息瘟疫”

在谣言治理的迫切需求下，国外的科技公司同样处于抗击“信息瘟疫”的最前线。

脸书（Facebook）直接删除包含“能带来物理伤害的内容”或“散布关于新冠治疗方案、必要医疗服务的可用性以及疫情暴发地点和程度的错误信息”。在此标准下，被删除的内容包括时任美国总统特朗普发布的“新冠并不致命”的言论。对其他一些被事实核查机构判定为虚假、不实的信息采取“降流”措施，并用醒目的标记提醒读者。同时，Facebook 公司旗下的全部产品都会突出显示来自权威信源的疫情信息，“建立用户和可靠信息的联系”（见图 1-2）。[①]

图 1-2　Facebook 公司各软件突出显示权威疫情信息

① Nick Clegg. Combating COVID-19 Misinformation Across Our Apps [EB/OL]. (2020-03-25) [2021-02-01]. https://about.fb.com/news/2020/03/combating-covid-19-misinformation/.

Facebook 同样采取与专业机构合作的方式进行谣言识别，其在疫情期间与 60 多家事实核查组织合作，并在全球范围内对 50 多种语言的谣言进行核查和评定。截至 2020 年 4 月，Facebook 已删除数十万条可能造成人身伤害的疫情相关谣言。

其他互联网科技公司也都有所行动：谷歌在首页用“SOS alert”标示强调来自世界卫生组织（WHO）的疫情信息，YouTube 下架传播未经证实的抗病毒治疗方案的视频，Twitter 在用户搜索疫情相关标签时自动显示提示信息，将用户指引到权威卫生机构的账号。①

后疫情时代的谣言治理

大型公共卫生危机事件是滋养谣言的温床，疫情放大了网络谣言的后果，也凸显了谣言治理乃至网络信息治理的迫切性。疫情这样的例外情况为谣言治理布下“考场”，也对我们今后的行动有所启发。

作为常态的谣言

早期谣言研究着重呈现谣言的“病态性”，谣言造成的后果和背后的恶意动机被反复强调。这种理解很容易导向“斩草除根”式的谣言处理策略，其效果并不理想，网络空间中的谣言很快“春风吹又生”。面对此种情况，越来越多的研究者开始以“常态”思维考察谣言。

谣言的产生和传播是不可避免的常规社会现象，其存在有其必然性和一

① Rachel Kaser. What the world’s biggest tech companies are doing to fight coronavirus [EB/OL]. [2020-03-17] (2021-02-01). https://thenextweb.com/corona/2020/03/16/what-the-worlds-biggest-tech-companies-are-doing-to-fight-coronavirus/.

定的“建设性”。个人对谣言的信任和扩散与特定的心理和情感状况有关，个体焦虑、广泛的不确定性、轻信的特质和谣言内容的切身性被认为是谣言诞生和传播的4个条件。[①] 在社会层面，谣言是集体行为的结果。在社会危机情境下的谣言可以被理解为“公众为控制社会紧张局势与解决危机问题而采取的集体的、即兴的信息寻求和交换行为”[②]，其一方面为积聚的社会情绪压力提供出口[③]，另一方面预警社会信任危机，暴露公众的核心关切，参与纾解社会问题，在一定程度上起到“安全阀”的作用。[④]

谣言具有生命周期，其产生和传播是一个循环往复的动态过程。澳大利亚昆士兰大学心理学教授普拉桑特·波迪亚（Prashant Bordia）和美国罗彻斯特理工学院心理学教授尼古拉斯·蒂芬查（Nicholas DiFonzo）总结出谣言在传播的过程中可能经历4种“变异”：削平（leveling）：谣言被浓缩、简化；增加（adding）：滚雪球式的“添油加醋”；打磨（sharpening）：谣言中的某些内容被突出和夸大；同化（assimilation）：以上三种变异形式最终导向谣言内容与我们的认知模式趋同，变得更可信。[⑤]

从常态角度理解谣言并非意味着对谣言的放任，而是为谣言治理提供思路。一劳永逸地消除谣言注定只能是幻想。从谣言产生和传播的规律入手，以疏代堵，最终控制其社会危害性，才应该是谣言治理的正确路径和目标。

---

① Rosnow R L. Rumor as Communication: A Contextualist Approach[J]. *Journal of Communication*, 1988, 38(1): 12–28.

② Shibutani T. Improvised News: A Sociological Study of Rumor[M]. Indianapolis: The Bobbs–Merrill Company, 1966.

③ 李春雷，姚群．“情绪背景”下的谣言传播研究 [J]. 广州大学学报（社会科学版），2018，17(10): 46–50.

④ 崔斌．作为社会协调机制的网络谣言 [J]. 探索与争鸣，2016(10): 99–101.

⑤ DisFonzo & Bordia. Rumor psychology: Social and Organizational Approaches[M]. Washington D.C.: American Psychological Association, 2007.

新技术环境下谣言治理的挑战和机会

根据《2019 年中国网民新闻阅读习惯变化的量化研究》，移动端新媒体平台（如微信、微博、抖音等）成为网民获取信息的主要渠道，电视、纸媒等大众媒体的信息传播占有率明显降低。微信群被认为是最可信、更新速度最快的信息获取渠道。社交媒体环境下圈层化的嵌套传播结构为谣言的病毒式传播提供了方便，谣言经由“信息桥接点”可以快速扩散到不同圈层。[①] 算法推荐等技术在信息分发领域的应用，某种程度上也为谣言的传播提供了意外的“助攻”：算法的高效率使得谣言在现代化的信息生产和分发体系中获得最大的传播速率。

技术发展也为辟谣提供了新的可能性。首先，社交化网络中积累的数据资源和算法的结合可以提升谣言识别和处理的效率，实现对谣言传播路径规模的精准预测和辟谣的自动化。其次，网络环境中谣言的传播不只涉及简单的信息复制，也是多元主体对话的过程，有研究指出这种交互可以依据主导的表达方式分为 3 个阶段：开始时，谣言被引入一个群体，引起较多质询，接着人们开始分享更多个人经验和相关信息，试图理解谣言并评估其真伪，最后群体达成一定共识，对谣言失去兴趣。[②] 当下的互联网技术一方面为讨论提供了易得且丰富的信息支持，另一方面也为其搭建了平台。

综合以上讨论，可以得出以下几点移动互联网环境下辟谣的思路。

---

① 李彪. 不同社会化媒体圈群结构特征研究——以新浪姚晨微博、草根微博和人人网为例 [J]. 新闻与传播研究，2013(1): 82–93, 128.

② Bordia P & DiFonzo N. Problem Solving in Social Interactions on the Internet: Rumor as Social Cognition[J]. *Social Psychology Quarterly*, 2004, 67(1): 33–49.

（1）技术预警：变被动为主动

移动互联网给谣言插上了有力的翅膀，事后补救式的辟谣时常追不上谣言传播的速度。在谣言传播的早期阶段进行干预才能尽可能减少其社会危害。谣言的圈层式传播有一定的周期，这为技术干预提供了时间窗口。同时，对谣言的识别不应该仅局限在内容本身，而应该更多地注重谣言易发的情绪环境和易感人群等，“变内容识别为情绪识别和圈群识别”[①]，提高谣言的识别效率。

（2）辟谣众包：激活自净功能

辟谣是一个动态的过程，需要社会多元主体的持续参与，其中公众的力量不容忽视。面对相对复杂的谣言，从上至下“一刀切”的辟谣效力不足。而“众包”式的辟谣模式能广泛地动员公众参与讨论，不但有助于提高辟谣效果、节省社会治理成本，而且有助于激活网络空间的“自净能力”。举例而言，家庭微信群中出现的跨代际辟谣可视作这种自净的微观情境。

（3）社会综合治理：提升谣言免疫力

谣言治理是多元社会力量参与社会治理的重要实践场。对谣言的治理最终要落脚到社会的抗谣言免疫力。这需要政府、技术平台企业、专家等社会多方参与，从滋养谣言的宏观、中观和微观情境入手，推动政府信息的公开和透明，提升公众信息素养，纾解社会焦虑情绪。

透明化治理：尊重公众自主性

除了谣言，仇恨和暴力煽动言论等不良信息也对互联网内容生态构成

① 李彪，喻国明．“后真相”时代网络谣言的话语空间与传播场域研究——基于微信朋友圈 4160 条谣言的分析 [J]. 新闻大学，2018(2): 103−112, 121, 153.

危害。

目前，网络平台对有害信息的审核和处理依靠算法和人工相结合的形式，其中算法的作用逐渐提高。Facebook 在最新发布的《社区标准执行报告》中提到，人工智能目前可检测出平台上删除的 94.7% 的仇恨言论，而一年前该比例为 80.5%。信息平台对算法的广泛使用在提高信息分发、识别和处理效率的同时也带来新的问题。比如有研究者指出，算法正在对信息的“可见性”构成威胁。[①] 干预的“误伤”和“漏网”也带来争议。比如 2020 年 3 月，Facebook 的反谣言举措被指“滥伤无辜”，关于新冠疫情的新闻故事、社区募捐公告等都被删除。此事件引发舆论质疑后，Facebook 对此回应称其信息过滤系统出现漏洞，修复后会“复活”被删除的内容。[②] 再如，Facebook 被指责对特朗普的暴力煽动言论袖手旁观，而对此 Facebook 首席执行官扎克伯格回应称：“我们将其理解为对国家状态的预警，人们需要知道政府是否要动用武力。”[③]

网络平台信息干预的尺度和方法成为亟待讨论的议题，问题的关键在于：如何在减轻有害信息的负面影响的同时，维护正常的信息获取和意见表达自由之间的平衡？一方面，公众获取的信息越来越绕不开算法黑箱的加工；另一方面，公众信息素养逐渐提高，他们对自身权利的意识也在觉醒，不再只

① Bucher T. Want to Be on the Top? Algorithmic Power and the Threat of Invisibility on Facebook [J]. *New Media & Society*, 2012, 14(7): 1164–1180.

② John Koetsier. Facebook Deleting Coronavirus Posts, Leading To Charges Of Censorship [EB/OL]. (2020–03–17) [2021–02–01]. https://www.forbes.com/sites/johnkoetsier/2020/03/17/facebook–deleting–coronavirus–posts–leading–to–charges–of–censorship/? sh=3d9b7d585962.

③ Casey Newton. Facebook won't take any action on Trump's post about shootings in Minnesota [EB/OL]. (2020–05–29) [2021–02–01]. https://www.theverge.com/facebook/2020/5/29/21274729/facebook–trump–post–shooting–mark–zuckerberg–rationale.

满足于被平台“投喂”信息。这提示我们在未来的网络内容生态治理中，要更加重视公众的自主性，将其迎入治理决策的后台。

举例来说，Facebook 于 2018 年公布了社区标准的内部执行指南，尝试将内容管理的黑箱“透明化”。此举主要基于两点理由。

（1）帮助用户理解公司如何在面对复杂的内容和微妙的语境时做出判断。

（2）细节的公开有助于收集来自用户和专家的反馈，从而不断完善决策。

被公开的内容还包括政策产出过程、执行情况和用户申诉的渠道等。Facebook 指出其内容管理的原则参考了仇恨言论、反恐、儿童安全等领域的专家的意见，同时开辟用户申诉渠道，使管理决策处于动态更新的状态。①

疫情期间的谣言阻击，可以看作“万物皆媒”时代打造良好信息生态的一个切面。技术的发展正在重塑信息生产、分发和消费的结构，一个用户友好、内容向上的信息生态需要用户、企业、政府、社会等多方面参与，实现同频共振，“构建向善的网络文化、营造清朗的网络空间”。

① Monika Bickert. Publishing Our Internal Enforcement Guidelines and Expanding Our Appeals Process [EB/OL]. (2018-04-24) [2021-02-01]. https://about.fb.com/news/2018/04/comprehensive-community-standards/.

救命的 AI——直击痛点，与时间赛跑

新冠病毒给医疗体系带来了巨大的冲击。如果应对不当，病毒传播范围会持续扩大。快速识别新冠病毒感染者，成为防止疫情扩散的关键。在新冠病毒早期的检测中，主要通过 PCR（聚合酶链式反应）试剂盒进行核酸检测，但受限于试剂供应、检测环境等因素，单一方式无法满足对大规模疑似病例、潜在接触人群的筛查需求。

2020 年 2 月 19 日，国家卫健委发布《新型冠状病毒肺炎诊疗方案（试行第六版）》，确定 CT 影像结果是“临床诊断病例”的判定依据。在同一天，腾讯发布 AI 辅助诊断新冠肺炎工具，最快可在患者完成 CT 检查后 2 秒内完成判定，1 分钟内为临床医生提供诊断参考。

国外相关技术研究团队则开发出利用咳嗽声识别无症状感染者的算法。基于数据分析和人工智能的技术方法相继被应用于风险人群评估、辅助诊断、药物研发等新冠疫情防控的多个关键环节，近年来快速发展的人工智能技术在全球抗疫行动中的作用凸显。

腾讯 AI 团队助力新冠肺炎识别和早期分诊

疫情发生后，“腾讯觅影”第一时间启动“基于 CT 影像的新冠肺炎 AI

辅助诊断”项目，在AI辅助诊断肺炎分型的基础上，利用腾讯天衍实验室的深度学习技术及自监督学习方法，在低训练数据依赖下快速开发出新冠肺炎影像识别模型。

搭载“腾讯觅影”AI医学影像和腾讯云技术的人工智能CT设备，在湖北多家医院部署，可在患者CT检查后数秒内完成AI判定，并在1分钟内为医生提供辅助诊断参考。按照一次胸部CT产生300张影像计算，医生肉眼阅片将耗费5～15分钟，而AI与人工协作的方式，将大幅提升检查效率，减少医生工作量，让患者得到更及时的治疗。

在武汉疫情得到有效缓解、疫情防控进入常态化的情况下，武汉中南医院影像科与腾讯医疗觅影团队持续合作，共同开发新一代新冠肺炎人工智能辅助治疗系统。该系统可在30秒内提示是否有新冠疫情风险，并按照病人危重程度排序，自动分割病灶，有效缓解放射科医生的诊断压力，实现患者诊断分流，缩短患者留院时间，减少交叉感染风险。

此外，预测新冠肺炎患者的病情发展成为早期分诊的关键。为此钟南山院士团队与腾讯AI Lab合作开展了一项研究，其研究成果为：基于人工智能深度学习所建立的生存模型，对COVID-19患者入院时的10项临床特征进行分析，可分别预测5天、10天和30天内病情危重的概率，帮助医护人员对病人精准分诊（见图1-3）。这项研究已在2020年7月15日发布于国际顶级期刊《自然》（*Nature*）子刊*Nature Communications*。

为了让一线医生可以尽快在临床研究中使用到相关成果，研究团队快速开发部署了网站服务与微信小程序，使用者只要通过平台提交对应特征的测量数值就可以立马获得分析结果。为了助力全球共同战疫，研究团队公开了

图 1-3 腾讯 AI Lab 与广州呼吸健康研究院联合发布的新冠肺炎重症概率计算工具

相关论文，并将模型在 GitHub 开源。[1]

声音识别无症状感染者

新冠病毒的无症状感染者没有明显的身体症状，很可能在不知不觉间成为病毒的传播者。因此，及时筛查出无症状感染者，是疫情防控的重要一环。麻省理工学院（MIT）研究人员开发出一种利用咳嗽声识别无症状感染者的算法。目前，这个模型识别感染者的敏感性和特异性都较高——可以准确地

① 腾讯 AI Lab. Nature 子刊重磅：腾讯 AI Lab 与钟南山团队发布新冠危重症预测模型 [EB/OL]. (2020-07-21) [2021-02-01]. https://ai.tencent.com/ailab/zh/news/detial?id=66.

识别出 98.5% 的病毒感染者，排除 94.2% 的健康人。在无症状人群中鉴别出 100% 的病毒感染者，正确排除掉 83.2% 的健康人。

根据研究团队披露的进展，这项研究已进入临床试验阶段。同时研究团队计划将 AI 模型整合到智能设备的应用程序中，方便个人随时自测。此种筛查方法相比于传统的核酸检测具有非侵略性、实时性、零成本、便捷易行、支持长期监测等众多优点。

对于一项基于深度学习的研究来说，建模策略和训练数据是两大关键。此次识别新冠病毒感染者的算法受到团队以前针对阿尔茨海默病的研究的启发，两项研究都应用了团队开发的开放语音脑模型（Open Voice Brain Model），其基本思路是通过 4 个生物标记识别、分析病情。这 4 个标记分别是肌肉退化、声带强度、负面情绪表现及肺部和呼吸道表现。

有了模型之后，研究团队还需要收集大量数据来“投喂”算法。他们开设了一个专门收集咳嗽声的网站（opensigma.mit.edu）。志愿者被要求录制自己的咳嗽声并填写相关调查问卷，提供自己的就医情况、症状和诊断结果等信息（见图 1-4）。

图 1-4　研究团队用于收集咳嗽声的网站界面

AI 医疗的潜力和挑战

面对肆虐的病毒，效率就是生命，疫情的考验让我们看到了 AI 技术的更多可能。事实上，除了效率，AI 技术在化解优质医疗资源分布不均衡、提升基层医院诊疗能力、应对老龄化与慢性病管理压力方面同样有广阔的应用空间。

通常而言，在整个医疗体系中，基层医疗机构作为“第一道防线”，承担着为群众提供基本医疗服务的重任。但长期以来，由于一些基层医疗机构诊疗能力不足，不仅难以满足当地群众的就医需求，日积月累的不信任更是带来了连锁的负面效应。

一些患者担忧基层医疗机构医生临床经验不足、医疗设备和技术落后，在初期检查或诊断阶段就会直接选择技术更为先进的三甲医院，甚至跨城就医。这导致“基层医疗机构门庭冷落、上级医疗机构人满为患”的不均衡状态。

通过引入 AI 辅助诊断，顶尖医学专家的知识和诊治经验下沉到基层，为基层医生提供实效、实时的决策支持。这能够提高基层医生的服务水平和基层医疗机构的服务能力，进而提升广大患者的信赖感。

目前在一些先行探索试点的区域，患者只需在本地医院检查，其影像数据可实时回传至区域影像诊断中心。诊断中心医生利用影像云平台，在智能 AI 的辅助之下，根据诊断情况对患者进行合理分流。对一些疑难患者，还可以从全国范围内引入专家会诊。患者检查不必再跑远路，在家门口就能得到专家的会诊结果。

AI 在医疗领域的应用前景广阔，但同时也面临不少挑战，包括缺少训练数据、算法跨中心泛化能力差、新技术应用面临传统规制方式的制约等问题。

当然，人工智能在医疗领域的应用是一个长期而复杂的系统工程，在这一过程中需要多种驱动力共同作用，既需要一线技术的科研攻关，也需要人工智能介入医疗的相关配套政策，包括对终端医疗机构采用前沿 AI 技术提供资金扶持等多元化措施，以促进新技术在实际医疗场景下的应用和探索。

公共服务数字化：精度、尺度、温度

疫情期间，保持社交距离和限制必要的公共活动是应对病毒扩散的重要举措。随着线下联系遇阻，维持社会运行的公共服务变得极具挑战。对不同人群的风险识别、管理，采取针对性防范措施更是关键。在这一特殊场景下，基于信息科技所形成的“大数据”及数字化社会治理成为重要支撑。

“智慧抗疫”：大数据的精度

新冠疫情让“大数据”的作用前所未有地凸显。无论是在疫情早期还是防疫常态化阶段，密切接触人员追踪、高风险地区出入管理、防疫物资供给与分发都离不开大数据的支撑。

而“扫码出行”更是如同戴口罩一样，深刻嵌入每个人的日常生活习惯中。屏幕上亮起绿色信息提示背后是一张无形的数据网络，在负责核验每个人的健康情况。这张基于大数据构织的网密而庞杂，任何经过中高风险区域的行踪，都能被这张网“捕获”。

而基于病毒人际传播的扩散特性，掌握了人群的行动轨迹也就是掌握了病毒可能的传播路径。控制疫情的关键正在于通过这张网络筛查潜在感染者并将他们与普通人群隔离。以如今的人口流动性，所需要处理的数据之庞大、关系之复杂在前数字时代是不可想象的。

同时，疫情防控不只是一个公共卫生命题，更涉及经济、社会等方方面面。大数据监测为疫情期间个人和公共决策提供了更准确的参照，使精细化管理成为可能，个人的健康和社会经济的正常运转都离不开数据的“智慧支持”。

一图助求医：发热门诊地图

在疫情早期防控中，普通民众最关心的问题之一就是去哪里诊治疑似症状。各地卫健部门虽然及时公布了发热门诊信息，但多为文字和表格，不方便查询。

为解决这一问题，腾讯健康、微信团队、腾讯地图、腾讯新闻等腾讯内部多个团队联动，在国家卫生健康委员会宣传司的指导下，获得一手权威门诊信息，快速发布“全国发热门诊地图”。

上述联合团队与擅长大数据分析的腾讯天衍工作室合作，首先，利用大数据进行了数据清洗，利用医院名称反向查询医院的地址和经纬度，从而确定医院的坐标；其次，对于查询到的医院地址与地图上的医院名字，利用文本匹配算法，计算两个名字的相似度，确定准确的坐标定位；再次，利用多个地图产品对医院名称及坐标数据进行二次校验；最后，还有20人的校验团队再次人工校验和查询测试。

“全国发热门诊地图”从上线之初仅覆盖14城，快速增加到363城，同时收录的医疗救治定点医院和发热门诊数量持续更新。除去发热门诊地图专区，用户在微信“搜一搜”，搜索“定点医院”或“发热门诊”，也可快速获得该地图（见图1–5）。

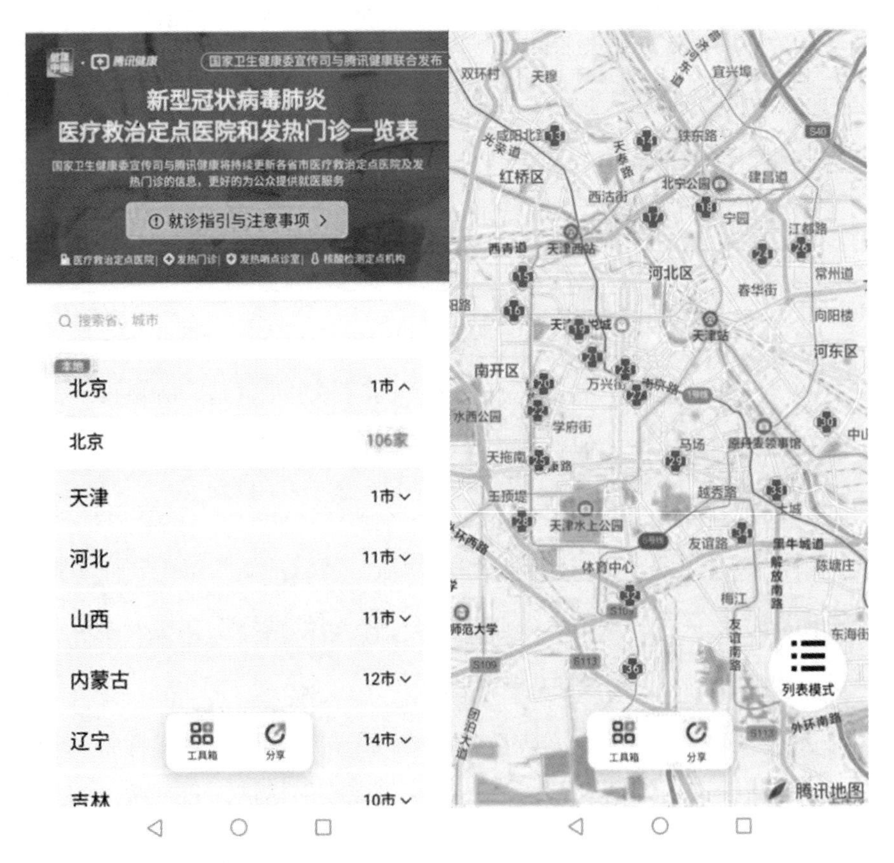

图 1–5　腾讯上线的“全国发热门诊地图”

凭码出行：提高出行效率

疫情发生以来，从车站、机场、道路到城乡社区，防疫检测是一项常态化工作。全国许多城市的社区，都需要“凭证出入”。然而，传统的防控措施带来巨大工作量和交叉感染的风险。

腾讯推出防疫健康码，这是腾讯联合各方推出的“电子出行凭证”解决方案，公众在平台自行申领，获得涵盖自己健康信息的二维码后，即可凭码出行。用户规模庞大的微信，成为健康码最好的运用平台，大大提高了疫情期间公众出行管理的效率。腾讯防疫健康码还支持英文、韩文、日文等多国语言，让外籍人士在疫情期间的出行也能简便安全。

2020年12月10日，国家卫健委、国家医保局、国家中医药管理局联合发布《关于深入推进“互联网＋医疗健康”“五个一”服务行动的通知》，明确要求各地落实“健康码”全国互认、一码通行。此前，国家政务服务平台推出的“防疫健康信息码”被称为“全国码”，但是在实际使用中没有覆盖全国，健康码只在一些区域内实现省际互认。一码通行的要求为民众跨省旅行提供便利，也有助于打通地区之间的数据、信息和政策壁垒，进一步提升数字化管理的效率。

一键连政府：50天火速上线超过100个政务小程序

疫情的出现对各级政府部门的公共管理与服务带来严峻的挑战。腾讯利用大数据等技术能力，积极发挥政务服务的“数字化助手”角色，迅速响应和积极配合各级政府部门的紧急需求。

1月25日，国务院客户端小程序上线疫情督查功能，三天内新增用户数2500万；同日，海关旅客指尖服务小程序上线出入境健康申报功能，日均使用人次达30万；1月30日，工信部重点物资保障小程序上线，实现口罩等重点物资生产厂商实时产能产量上报；1月31日，广州“穗康”小程序向市民开放预约购买口罩服务。

在春节疫情防控升级的约50天里，腾讯火速上线了超过100个政务小程序，助力缓解全国超过300个城市的战“疫”公共管理之急。

透明的疫情：百度迁徙地图

1 月 22 日，百度地图迁徙大数据平台升级发布，通过智能化、可视化城市人口迁徙数据处理，辅助政府做出疫情防控的科学决策，帮助用户判断出行风险，在各地进行疫情防控与复产复工的双向统筹管理中发挥了重要的参考作用。自上线至 2020 年 2 月 24 日，百度地图迁徙大数据平台已累计服务超 15 亿人次。①

同时，百度地图中的“热力图层”，也为疫情期间的安全出行提供了便利——用户可以检查目的地和沿途人员密度，避开人员密布区域。通过可视化大数据，百度地图客观地向政府、媒体、大众展现疫情期间人口活动、交通路况的真实样貌，为各地防控疫情、人力物资配置、节后开工服务提供了参考。

数字化治理的“尺度”：信息安全与隐私保护

疫情防控对公共管理提出了巨大挑战，以往的管理模式难以应对激增的信息处理需求，公共决策难以跟上复杂多变的疫情形势。为应对上述困境，大数据收集和分析技术被广泛应用至公共管理领域，从疫情暴发初期的网格化排查，到疫情常态化后的“亮码通行”，都离不开数字技术的支持。

一场危机使数字化治理迅速落地，也暴露出亟待解决的问题。疫情期间，登记个人信息、行动轨迹成为一项基本要求，覆盖人们日常衣食住行的各个场景。个人信息保护在疫情防控的特殊场景下让位于生命安全。而当疫情逐渐缓解，社会运转回归常态，我们需要重新审视数字化治理中的信息安全问题，

① 中国信息通信研究院．疫情防控中的数据与智能应用研究报告（1.0 版）[R]. 北京：中国信息通信研究院，2020.

尤其是要将个人隐私保护纳入讨论范围。

以人脸识别为例，疫情期间，人脸识别等自动检测技术发挥了积极的防控作用，但也带来了隐私、安全方面的隐患。北京智源人工智能研究院和中国科学院自动化研究所联合发布的《人脸识别与公共卫生调研报告》指出，受访者普遍认可人脸识别在公共卫生安全中的作用，超过半数受访者关注人脸识别中的隐私问题，多数受访者希望在公共卫生危机结束后减少人脸识别的相关应用。[①]

2020 年 8 月，针对疫情中暴露的信息安全与隐私保护问题，全国信息安全标准化技术委员会发布了《信息安全技术网络数据处理安全规范（征求意见稿）》，严格限定调用个人信息的范围、规模、数量及行踪信息的回溯时间跨度。《信息安全技术网络数据处理安全规范》特别提到，突发公共卫生事件应对工作结束后，指定机构应在 60 天内或者国务院相关部门规定的时限内，删除事件应对中已收集、调用的个人信息。

在面对重大公共卫生事件时，调动社会多主体参与数字化治理过程，具有高效、动态、精准等诸多优势。此次疫情期间健康码的应用可视作典型案例，各个城市推出的“健康码”是疫情期间快速核查、行程追踪的数字化工具，在疫情期间的应用极大提高了排查的安全性和效率，也让人看到数字治理的潜力。同时，以健康码为代表的数字治理模式必然要求对数据资源的深度开掘，这背后需要相应的数据规则支撑。

规则设定的第一步是厘清相关主体的角色和责任。目前国际主流的个人信息保护法律采纳数据控制者、数据处理者二维规制主体框架。在数字治

① 曾毅，鲁恩萌，孙康，等. 人脸识别与公共卫生调研报告 [R]. 北京：北京智源人工智能研究院人工智能伦理与安全研究中心，中国科学院自动化研究所中英人工智能伦理与治理研究中心，2020.

理实践中，作为“数据控制者”的主体应当践行数据保护基本原则，包括：（1）合法正当原则；（2）目的明确、必要、最小化原则；（3）透明原则；（4）质量原则；（5）责任和安全保护原则。而作为“数据处理者”的主体除遵守上述原则，还应该严格限制数据处理的范围，一切处理需在受托范围内进行。①

2020 年 10 月公布的《个人信息保护法（草案）》即对个人信息处理者的义务、个人在个人信息处理活动中的权利、国家机关处理个人信息的活动做了详细的规定。未来，个人信息和隐私保护相关的法律将更加完善，从而为数字化治理提供制度保障。

数字化治理以数据为依托，但数据不是目的，而是手段。把握数据使用的尺度才能最大限度地达成公共之善。

技术的温度：“科技适老”成共同关切

疫情推动了生活方式的线上化和数字化，诸如扫码出行、线上买菜、预约挂号等数字应用得到大力推广，逐渐融入衣食住行等方方面面。而逐渐加速的数字化节奏给很多老年人的日常生活带来了不少的困扰。老年人数字融入的困境在疫情中凸显，“科技适老”成为政府、技术平台和家庭的共同关切。

“科技适老”的核心在于对老年人技术使用诉求的充分尊重——首先要破除“老年人等于数字难民”这一刻板印象，支持有意愿“触网”的老年人学习使用相关技术。2018 年深圳大学周裕琼教授团队和腾讯研究院发布的《吾老之域：老年人微信生活与家庭微信反哺》（下称《家庭微信反哺》报告）

① 王融．“健康码”折射政务服务数据规则 [J]. 检察风云，2020(11): 7.

调查报告指出，老年人已经开始积极融入数字世界，相当大数量的老年人会有选择地使用微信来进行社交、支付和获取信息。疫情加速了老年人“触网”的进程，阿里巴巴发布的《老年人数字生活报告》显示，疫情期间，60岁以上的老龄人口“触网”同比增速较整体水平高出29.7百分点。

老年人面临的数字鸿沟首先是“使用沟”，技术操作问题成为老年人享受数字生活的第一道阻碍。一些科技企业已经为解决此问题做出努力，降低了老年人使用技术的门槛。2019年支付宝推出“关怀版”小程序，集合扫码、付款、缴水电费、挂号问诊等老年人常用功能，并将字体放大。为老年人定制的小程序在2020年上半年访问量同比增长6.6倍。夸克搜索以智能语音搜索解决老年人操作输入法的困难，方便老年人“上网冲浪”。

老年人顺利“触网”，家人的帮助必不可少。《家庭微信反哺》报告提示年轻人应同时关注老年人技术使用诉求和情感需求，在“数字反哺”时不但提供技术支持，更注重情感互动，提升老年人使用新技术的信心。一些产品为数字反哺提供便利，比如腾讯旗下的应用在最近的更新中加入了“长辈关怀”功能，内置“远程帮助”“应用分享”“垃圾清理”“手机优化”和“安全扫描”五大功能，可以让子女在异地也能一键帮助父母解决手机难题。

成功“触网”之后，老年人还会面临“素养沟”，老年人缺乏数字知识和经验，非常容易成为网络谣言、诈骗的受害者。简单的技能性反哺不足以帮助老年人安全地使用网络，提升老年人的数字媒介素养需要家庭和社会的共同努力。

技术关怀和数字反哺在数字鸿沟之上架起桥梁，帮助老年人更好地适应数字生活。这一步跨越绝非一日之功，需要我们付出长期的努力，以同理之心理解、尊重衰老这一自然过程，关怀老年人的切身需求。在推动老年人数字融入的同时，提供后退一步的选项也十分必要。国务院办公厅发布的《关于切实解决老年人运用智能技术困难的实施方案》就提出要坚持“两条腿”走路，让传统线下服务兜底保障老年人的生活。

转战线上：连接力、适应力、复原力

2020年初，由于疫情紧急，学校停课，公司暂停办公，很多人迎来了一个出其不意的“长假”。这种长期持续的“停摆”，对企业和社会都是一种不可承受之重，“转战线上”成为必选项。

腾讯研究院发布的《疫情期间全国居民消费和复工情况调查报告》显示，此次疫情带来了深刻的“无接触式”场景变化，除传统休闲类消费，更多的线下活动被线上化，典型的包括办公、教育和医疗。

其中远程办公与在线教育表现最为突出，对比疫情前，两者的每日使用时间分别增长15.44%和15.37%。[①]

区隔下的连接：技术助力复工、复产

疫情下的阻隔促使远程办公这一原本属于小众的办公方式迅速“出圈”。艾瑞咨询的数据显示，在2020年新春期间，中国远程办公企业超过1800万家，远程办公人员过亿，与2019年不到600万的远程办公人员相比，可谓是爆发式增长。

① 李刚，刘琼，吴朋阳，等．疫情期间全国居民消费和复工情况调查报告[R]．深圳：腾讯研究院，2020-02-27.

这一高速增长背后，是包括企业在内的各机构为应对疫情区隔而迸发出的强劲连接需求。疫情初期，为了满足用户不断增长的需求，各线上会议产品都在快速扩容。以腾讯会议为例，从 2020 年 1 月 29 日开始，日均扩容云主机接近 1.5 万台，8 天总共扩容超过 10 万台云主机，共涉及超百万核的计算资源投入。开工、复工之后的数据显示，每周都有数万家企业和政府相关机构，通过腾讯会议实现复工复产。

腾讯会议上线两个月内，日活用户超过 1000 万，成为国内最多人使用的视频会议产品，上线 245 天，腾讯会议用户数突破 1 亿，是最快超过 1 亿用户的视频会议产品。面对不断涌入的庞大用户，腾讯过去 20 多年在音视频通信领域积累的技术优势发挥了重要作用。

疫情期间，远程会议经常遇到的尴尬是素颜开会和背景杂乱问题，这不仅容易分散会议主题，也会让被关注者感到一种压力。为了解决这一痛点，腾讯会议配备了背景虚化、美颜强化等视频效果，让参会者即便身处复杂的场景也能轻松入会。

这一功能充分发挥了其之前在计算机视觉方面积累的技术优势。其中背景虚化是通过计算机视觉 AI 算法检测出人像和背景的区别，并通过自研的图像分割算法将检测出来的背景区域进行模糊或者替换成指定的背景图片来实现。

同样，为了确保会议的语音效果，腾讯会议在产品研发的过程中，通过收集公交站的喧闹声、雨水声等噪音进行 AI 分析处理，以实现智能消除环境声、键盘声，完美还原人声。其在产品中使用的腾讯天籁新一代实时音频技术，可以对 20 多种复杂通话场景里的通话情况进行采集和深度学习，以达到最佳的降噪效果，给用户提供清晰流畅的语音体验。

除了线上会议，远程课堂是云会议软件的另一大应用场景。“停课不停学”的要求推动线上教学的迅速普及。在磨合期之后，很多老师和学生都重新发现了线上教学的优势。南京大学新闻传播学院胡翼青教授指出，线上教学的效果出乎他的意料，相比于面对面沟通来说受到面子等因素的影响更小，反而使沟通更顺畅，线上课堂的师生互动率非常高。另外，线上读书会可以轻松容纳上千人，某种程度上促进了教育公平。①

数字化加速：从不得已到新常态？

疫情使人们快速适应远程办公、远程教育等线上生活场景。当疫情缓解，云上生活是否能成为新常态？

2020 年 10 月，微软公司高级副总裁兼首席人力资源官凯思琳·霍根（Kathleen Hogan）发布了题为“拥抱灵活办公场所”的文章，宣布微软将在疫情结束后继续提供远程办公的选项。她指出：“我们的目标是尽可能地为员工提供灵活的工作选项，支持个人的工作风格，与此同时平衡商业需求，保持企业文化。”②

一项哈佛商学院的调查显示，三分之一在疫情期间转战线上的美国企业相信远程办公在疫情结束后将变得更为普及，16% 的员工表示将继续远程办公。③在疫情背景下，很多个人和企业都对远程办公有了直观的体验，看到了它的潜力。然而，在远程办公真正成为新常态之前，我们还需要直面很多实

① 朱威，胡翼青．新冠疫情使中国人变得更成熟 [EB/OL]. (2020-05-11) [2021-02-01]. http://news.xhby.net/js/yaowen/202005/t20200511_6638622.shtml.

② Kathleen Hogan. Embracing a flexible workplace [EB/OL]. (2020-10-09) [2021-02-01]. https://blogs.microsoft.com/blog/2020/10/09/embracing-a-flexible-workplace/.

③ Bartik A, Cullen Z, Glaeser E L, et al. What Jobs are Being Done at Home During the COVID-19 Crisis? Evidence from Firm-Level Surveys[J]. *SSRN Electronic Journal*, 2020.

际问题。

远程办公对工作体验的总体影响因人而异。一方面，远程办公节省了大量通勤时间，解决了很多人的工作“痛点”；另一方面，诸如工作效率下降、办公设施欠缺、生活碎片化等问题也让另一些人对远程办公持保留态度。

远程办公能让人工作更高效吗？这个企业最关切的问题还没有定论。根据腾讯研究院发布的《疫情期间全国居民消费和复工情况调查报告》，仅有7%的受访者认为远程办公相比线下办公效率有所提升，37%的受访者认为与日常相比，疫情期间远程办公工作效率有小幅度降低，而24%的人认为是大幅降低。而麦肯锡的调查则显示，41%的受访者认为他们在远程办公条件下效率提高了。①

即便搁置效率问题，远程办公对企业凝聚力和企业文化潜在的不良影响也让企业增加了顾虑。此外，并非所有企业都适合远程办公模式，有研究从数字化程度、合作性质、团队规模、设备依赖和交付需求等5个指标预测远程办公对不同企业的影响。举例而言，能源环保、文化娱乐、餐饮住宿等行业转战线上的困难更大，其损失可能大于收益。②

随着国内疫情的缓解，大中小学重新开学。但是疫情带来的“线上学习”模式被沿用下来，线上线下双轨并行的课堂和讲座成为新常态，“讲座自由”成为疫情留给好学之人的“彩蛋”。网络技术使教育资源不再局限于特定时空中，但同时也将另一些不具备相应设备和技能的人挡在了知识的门外。在

① Lund, Madgavkar, Manyika, Smit. What's next for remote work: An analysis of 2,000 tasks, 800 jobs, and nine countries [EB/OL]. (2020-11-23) [2021-02-01]. https://www.mckinsey.com/featured-insights/future-of-work/whats-next-for-remote-work-an-analysis-of-2000-tasks-800-jobs-and-nine-countries#.

② 徐思彦．远程办公能否成为长期趋势？[EB/OL]. (2020-03-16) [2021-02-01]. https://new.qq.com/omn/20200316/20200316A0NR ST00.html.

线上课堂成为新常态的当下，我们需要更加关注网络教育公平问题。

云上生活：技术只是一把钥匙

在疫情中，在线会议等数字技术不断迭代，持续解决新发问题，保障社会在危机中正常运转。而当危机缓解，我们开始用“平常心”打量未来，就会发现技术所能提供的只是一把钥匙，而不是终极解决方案。

经由技术实现的线下至线上的挪移是实现远程办公的第一步，也是最顺畅的一步。在此之后，管理观念、工作文化乃至城市规划的问题更具挑战性。

美国软件服务公司 Automattic 为观察远程办公所需制度和文化条件提供了理想样本。这家公司从创立之初就一直采用远程办公，其在 2017 年关闭了当时唯一的办公室。创始人马特·穆伦维格（Matt Mullenweg）认为，远程办公之所以在 Automattic 能够完美运转，主要原因在于公司扁平的管理架构和 100% 的透明度。

该公司所有与工作相关的对话、文件、会议记录及培训都对全公司员工可见，这样可以最大限度地避免远程交流造成的摩擦与误解。[①] 远程办公的活力需要以创造者为中心的企业文化支持，与通常盛行的以职业经理人为中心的企业文化不兼容。在某种程度上，这也是疫情之前远程办公在中国难以流行开来的重要原因。

另外，远程办公的全面铺开在未来也会重新塑造我们对城市的理解。最直观的影响体现在城市经济上——我们如何面对“人去楼空”的 CBD？

同理，线上教育也不只是对实体课堂的“复制粘贴”，其还带来了教育理念、

① 维鹏 . 估值 30 亿美元，连续 15 年纯远程办公，这家公司做对了什么？ [EB/OL]. (2020-02-08) [2021-02-01]. https://www.geekpark.net/news/255260.

授课逻辑和学习习惯的更新。

美国高校课程设计总监方柏林博士指出：“网课的形式要求老师有意识地重新整合材料，按照合理的设计把它们放到网络空间里面，在这个过程中，老师需要反思自己的教学，并不只是‘线上’和‘线下’的问题。”[①] 同时，网课所支持的“非共时学习”对学生的专注力和时间管理能力提出更高要求。[②]

后疫情时代注定是一个数字化加速的时代，可以预见，在互联网、虚拟现实（VR）和增强现实（AR）等技术的推动下，线上和线下、真实和虚拟之间的切换会更加顺畅无碍，“全真互联网”的大门虚掩，这无疑让人感到兴奋不已。但同时我们也要意识到，技术的价值不只体现于乌托邦式的未来想象中，它的影响也不总是颠覆式的。

当下，技术给我们提供的是一种选项，让人们在区隔的状态下得以连接，让社会在危机下保持适应力，让世界在经历非常状态后可以快速复原。而疫情结束后，我们需要重新评估技术应用的条件，并为其做出调整。正是无数的选择和调整定义了技术的当下和未来。

---

① 腾讯研究院．远程办公能否打破城市空间边界？[EB/OL]. (2020-03-11) [2021-02-01]. https://www.tisi.org/13306.

② 赵蕴娴．课程设计师方柏林：网课不是线下课堂的复制粘贴，是对原有教育理念的冲击 [EB/OL]. (2020-03-26) [2021-02-01]. https://mp.weixin.qq.com/s/Y54vZkBSClcHG9RBvRm4Kg.

02

探索：透明、普惠与共融

在抗击疫情的过程中，科技产品和人们日常工作、生活的融合进一步加深，科技已经成为大众生活中必不可少的一部分。虽然人们经常使用科技产品，但普通大众对科技及产品的原理、组成可谓知之甚少，更多的是基于功能来定义产品。

对技术研发人员而言，从功能上去满足用户需求显然比向用户解释清楚过程和原理更为优先，这可能是所有新技术在应用早期阶段的普遍现象。在本章的案例探索中，我们把透明、普惠、共融作为重要方向，分别选取谷歌模型卡、快手流量普惠、B 站（视频网站哔哩哔哩）弹幕礼仪和人工智能对自闭症的干预 4 个技术应用实例。

像谷歌尝试通过模型卡的方式让更多人理解 AI，不仅能够打消用户的疑虑，也可以让更多人在理解人工智能产品运行原理的基础上，参与到科技生态、规则的建设中来；而快手的流量普惠策略，则通过规则的设定让更多人获得被看见的机会；B 站的“社区氛围”能独具特色，和其通过特定机制建设，吸引用户深度参与密不可分，用户不仅是产品的使用者，也是产品优化的推动者、参与者；而在儿童自闭症诊疗中，可以通过人工智能技术提升识别效率和诊断规模，抓住诊疗的黄金窗口期。

如何让普通人读懂 AI？谷歌“模型卡”探索

人工智能正在深入人类生产生活的各个方面，但人类与 AI 之间的“不可通约性”也愈发显著，并逐渐成为人工智能进一步发展的阻碍。如何打开“AI 黑箱”，促成人与 AI 的对话？谷歌在“模型卡”及算法可解释性方面的探索，或许提供了一种可行的方案。

黑箱：从奥巴马“变”成白人说起

打码容易去码难，这条互联网定律似乎将成为历史。

2020 年，美国杜克大学的研究者提出一种新型算法，名为 PULSE。PULSE 属于超分辨率算法，通俗意义上讲，它是一款“去码神器”，经过运算与处理，能够将低分辨率、模糊的照片转换成清晰且细节逼真的图像。按照原论文描述，PULSE 能够在几秒钟的时间内，将 16×16 像素的低分辨率小图放大 64 倍。

如果仅仅是放大分辨率，似乎没有太多值得称道的地方，毕竟类似的算法早已经出现。更为关键的是，PULSE 可以定位人物面部的关键特征，生成一组高分辨率的面部细节，因此，即便是被打了马赛克的人脸图像，其毛孔毛发、皮肤纹理也能被清晰还原（见图 2-1）。

图 2-1　经 PULSE 处理过的打码图片[①]

简单来说，PULSE 的原理为：拿到一张低分辨率的人脸图像之后，首先利用 StyleGAN（生成对抗网络）生成一组高分辨率图像，接着，遍历这组图像，并将其对应的低分辨率图与原图对比，找到最接近的那张，反推回去，对应的高分辨率图像就是要生成的结果。

但问题也就在于此，这款“去码神器”所生成的人脸图像看似逼真，但实际上只是一种虚拟的新面孔，并不真实存在。也就是说，PULSE 生成的高清人像，是算法“脑补”出来的作品，这也就是为何研究者会强调这项技术不能应用于身份识别。

永远不要低估网友的好奇心与行动力。有人试用了 PULSE 之后，发现美国前总统奥巴马的照片经过去码处理，生成的是一张白人的面孔（见图 2-2）。而后又有许多人进行了相似的测试，结果无一例外——输入低清的少数族裔

① Sachit Menon, Alexandru Damian, Shijia Hu, Nikhil Ravi, Cynthia Rudin. PULSE: Self-Supervised Photo Upsampling via Latent Space Exploration of Generative Models [EB/OL]. (2020-03-08) [2021-02-01]. https://arxiv.org/abs/2003.03808.

人脸图像，PULSE 所生成的都是具备极强白人特征的人脸照片（见图 2-3）。在种族平等成为焦点的舆论环境中，这件事很快引起轩然大波。

按照通行的思路，出现这种情况，肯定是训练算法所选用的数据库出现了问题。正如 PULSE 的创建者在 GitHub 网站上所解释的："这种偏见很可能是从 StyleGAN 训练时使用的数据集继承而来的。"作为人工智能领域的标杆性人物，科学家杨立昆（Yann LeCun）也被卷入相关的讨论之中，他同样认为机器学习系统的偏差源于数据集的偏差。他指出，PULSE 生成的结果之所以更偏向于白人，是因为神经网络是在人脸图像数据集（Flickr-Faces-HQ，FFHQ）进行训练的，而其中大部分的图像素材都是白人照片。"如果这一系

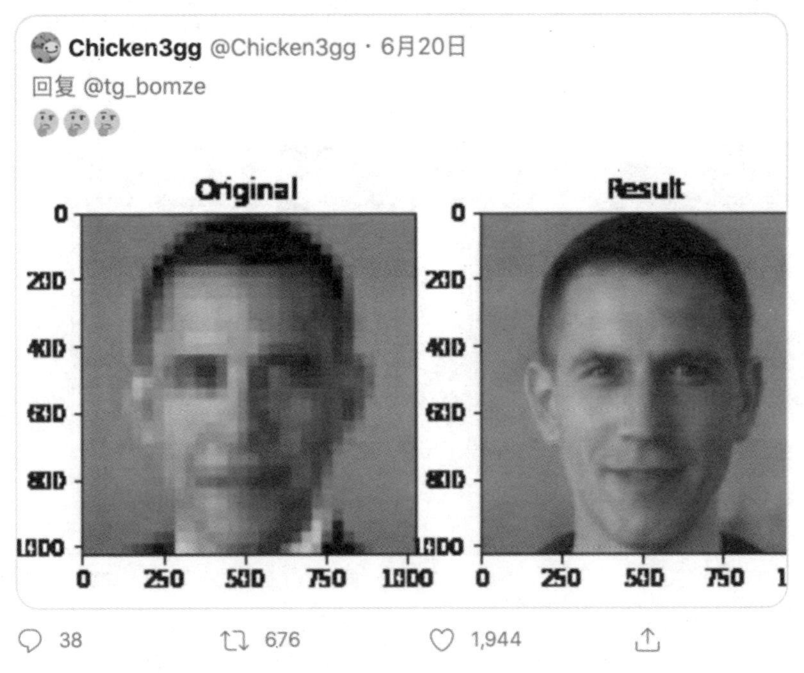

图 2-2　奥巴马照片经 PULSE 处理为白人男性面孔

图片来源：Twitter@Chicken3gg。

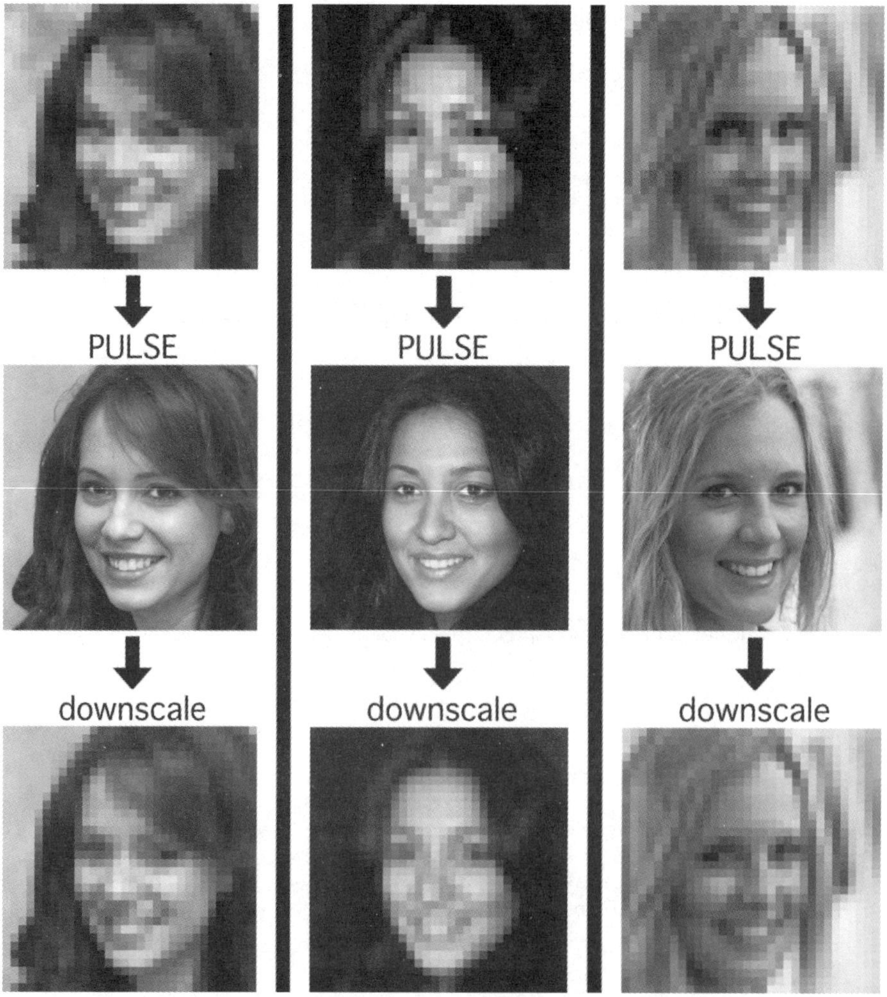

图 2-3 PULSE 图片处理机制示例[①]

① Sachit Menon, Alexandru Damian, Shijia Hu, Nikhil Ravi, Cynthia Rudin.PULSE:Self-Supervised Photo Upsampling via Latent Space Exploration of Generative Models[EB/OL]. (2020-03-08) [2021-02-01]. https://arxiv.org/abs/2003.03808.

统用塞内加尔（一个非洲国家）的数据集训练，那肯定所有结果看起来都像非洲人。”

杨立昆本来是为了解释算法偏见生成的原理，但他没想到，最后这句打趣的话，被指有极强的种族歧视色彩，他因此被卷入一场长达数周的骂战之中。之后，杨立昆不得不连发 17 条推文阐述逻辑，仍然不能服众，最后以公开道歉收场。

倘若事情到此为止，也就没有什么特殊性可言，但事情不是那么简单。在对杨立昆的批评声音中，一部分学者指责其片面地理解了 AI 的公平性。譬如 AI 艺术家 Mario Klingemann 就认为，问题的出现应该归因于 PULSE 在选择像素的逻辑上出现了偏差，而不全是训练数据的问题。他强调自己可以利用 StyleGAN 将相同的低分辨率奥巴马的照片生成为非白人特征的图像（见图 2-4）。

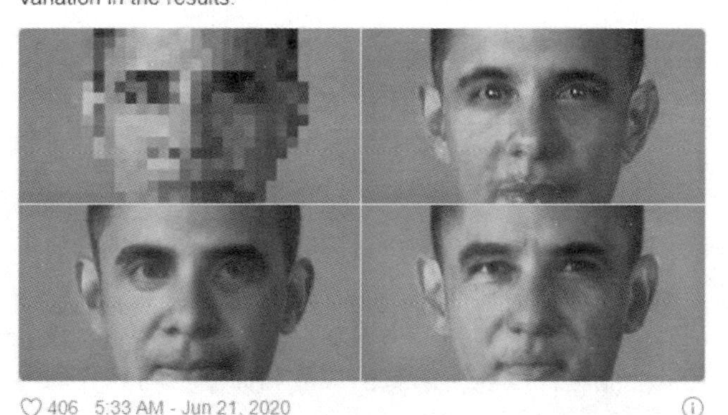

图 2-4 AI 艺术家 Mario Klingemann 利用 StyleGAN 将低分辨率奥巴马的照片生成为非白人特征的图像

“对于一张低分辨率图片来说，可能有数百万种高分辨率虚构人脸，都能缩略到相同的像素组合模式。”Mario 解释称。这就好比一道数学题可能有很多种解法，在每一种解法都能得出正确答案的情况下，选择哪种解法，取决于做题的人。如果 PULSE 能改善选择逻辑，就能避免或降低 StyleGAN 偏见的影响。

距离这一风波已经过去一段时间，时至今日，究竟是哪个环节出现问题依旧没有定论，是数据库抑或是算法本身?

但能够确定的是，这已经不是算法第一次出现偏见。

2016 年，美国司法犯罪预测系统 COMPAS 被指会高估黑人的再犯罪概率，并且大大低估白人的再犯罪概率；2015 年，谷歌图像识别系统将黑人识别为“大猩猩”，尽管引起了轩然大波，但直至 2018 年，谷歌仍未完全修复这一漏洞，只是将灵长类的标签从系统中移除，并称“图像识别技术还不成熟”。

算法偏见是算法诸多社会问题中最有代表性的一个，但一直都没有有效的解决方法。类似事件阻碍着人机互信，也因此成为人工智能发展的绊脚石。

而此类问题之所以根深蒂固，则源于算法的不可解释性。长期以来，人与 AI 的相处模式就是人类提供数据集，设定程式，而 AI 负责生成内容、输出结果。换句话说，算法的内在运算机制就像一个黑箱，如何运作并不能为人所知，而我们只能接受它的结论。但过程中就可能产生类似于算法偏见的问题，由于算法的黑箱性，我们不会知道究竟是哪个环节出现了问题，因此纠偏十分困难。

当下，人工智能正在以前所未有的广度和深度参与到我们的工作生活之中，算法的黑箱性也就引发越来越多的担忧与质疑。在特定的文化语境中，随之产生的安全风险、隐私风险及更为广泛的算法歧视、算法偏见等问题也愈发尖锐。

算法的不可解释性逐渐演变成阻碍算法被社会层面认可的关键性因素。2018 年，美国研究机构 AI Now Institute 发布的一份报告（AI NOW Report 2018）甚至建议称，负责司法、医疗保健、社会福利及教育的公共机构应避免使用算法技术。不可解释性隐忧无疑成为 AI 发展的社会性压力。

打开黑箱：谷歌的 X AI 计划与模型卡（Google Model Cards）

算法黑箱效应所具有的种种风险，在不同程度上指向了算法的可解释性问题。从 2016 年起，世界各国政府及各类非官方社会组织就开始极力吁求加强 AI 的可解释性。

美国电气和电子工程师协会（IEEE）在 2016 年和 2017 年连续推出《人工智能设计的伦理准则》白皮书，在多个部分都提出了人工智能和自动化系统应有解释能力的要求。

美国计算机协会、美国公共政策委员会在 2017 年初发布了《算法透明性和可问责性声明》，提出了七项基本原则，其中一项即为“解释”，希望鼓励使用算法决策的系统和机构，对算法的过程和特定的决策提供解释。

2018 年 5 月 25 日正式实施的欧盟《一般数据保护条例》（GDPR）则被认为正式确立了算法解释权。

与此同时，随着消费者愈发意识到 AI 算法对日常决策的关键影响，他们也越来越重视数据的使用方式，并要求算法有更高的透明度。

在社会舆论与官方政策的双重压力下，以谷歌为代表的科技公司开始致力于提高算法的可解释性，“可解释性的人工智能”（Explainable AI）计划也就在此背景中被推出。这项简称为“X AI”的计划，本身的目的便是推进

AI 模型决策的透明性。

早在 2017 年，谷歌就将其官方战略设定为“人工智能至上”，X AI 无疑是这一愿景的一部分。作为人工智能行业的先行者，如何使 AI 去黑箱化，使其被更广泛的用户所接受，无疑是谷歌需要解决的重要挑战，也是其必须履行的责任。

围绕“可解释性 AI”的主线，谷歌推出了一系列技术举措。2019 年，谷歌推出可解释人工智能白皮书（AI Explainability Whitepaper），对谷歌 AI 平台上的 AI 可解释探索与实践进行了介绍。同年 11 月推出的谷歌模型卡便是其中较有代表性的一项技术，也表征着谷歌在可解释性领域的最新进展。

谷歌模型卡是一种情景假设分析工具，它的功能是为算法运作过程提供一份解释文档，使用者可以通过查看该文档，来了解算法模型的运作原理及性能局限。正如我们在食用食物之前会阅读营养物质成分表，在路上行驶时会参考各种标志牌来了解道路状况，模型卡所扮演的角色便是算法的“成分表”与“标志牌”。

这也反过来提醒我们，我们对待食物或驾驶都如此谨慎，而算法在我们的工作与生活中扮演着愈发关键的角色，我们却在没有完全了解它的功能与原理的情况下就听从其安排。算法在什么条件下表现最佳？算法存在盲点吗？如果有，哪些因素影响了它的运行？大部分情况下，我们对这些问题都一无所知。

在某种程度上，人之所以无法与算法“交流”，是因为后者的复杂原理，更进一步说，是由于人与算法或更广义的 AI 采用不同的“语言”。人类使用高阶语言进行思考和交流，比如我们在形容一个事物时往往会用颜色、大小、形状等维度的形容词。而算法关注低阶要素，在它的“视阈”里，一切元素都被扁平化为数据点，方便其考察不同特征属性（feature atrribution）的权重。

以图像识别为例，对于算法来说，一幅图像中的每个像素都是输入要素，它会关注图片中每一个像素的显著程度并赋予其相关数值，以此作为识别的依据。对于人来说，就显然不可能用“第五个坐标点的数值是6”这样的方式来进行判定。

这种不可通约性阻碍着人与AI的对话。而可解释性AI的初衷就是使人类，尤其是那些缺少技术背景的人更容易理解机器学习模型。模型卡就是以人类能够看懂的方式来呈现算法的运作原理，它实现了两个维度的“可视化”：显示算法的基本性能机制；显示算法的关键限制要素。

换言之，模型卡主要回答了这样一些问题：目标算法的基本功能是什么？该算法在什么情况下表现最好？何种因素阻碍着算法的运作？这些内容的可视化帮助使用者有效利用算法的功能，并避免其局限性。如果说算法是一盒药物，那么模型卡就是说明书，包含适应症状、药物成分、不良反应等内容。

这项诞生于2019年底的技术尚未得到大规模落地应用。但谷歌在其主页上提供了关于模型卡应用的两个实例——人脸识别（面部检测）和对象检测，以展示它的运作原理。

以人脸识别为例，模型卡首先提供的是“模型描述”（model description），即算法的基本功能。根据示例，可以看到人脸识别算法的基本功能就是“输入”（照片或视频）、“输出”（检测到的每个面部及相关信息，如边界框坐标、面部标志、面部方向及置信度得分等）。

而“性能”部分则显示了识别算法在各种变量下的表现，例如面部大小和面部朝向，以及人口统计学变量（如感知肤色、性别和年龄等）。模型卡从与算法训练数据不同的数据源中提取评估数据集，以此有效检测算法的真实性能。

“局限性”则列举了可能影响模型性能的因素，比如脸型大小（距离相机较远或瞳孔距离小于10个像素的面孔可能无法被检测）、面部方向（眼、鼻、口等关键的面部标志应处于正面）、灯光（照明不良的脸部可能无法被检测）、遮挡、模糊、运动等，这些因素会影响人脸识别的效果。

整体而言，模型卡通过提供“算法成分表”的方式，向研究者或使用者展示算法的基础运行原理、面对不同变量的性能和局限所在。其实，对于模型卡的想象可以远超谷歌提供的两个案例，其他算法模型也可以采用模型卡对性能进行分析及展示，比如用于语言翻译的模型卡可以提供关于行话和方言的识别差异，或者测量算法对拼写差异的识别度。

一种让普通人理解 AI 的可行性探索路径

模型卡详细说明了预先训练的机器学习模型的性能特征，并提供了有关其性能和局限性的实用信息。谷歌表示，其目的是帮助开发人员就使用哪种模型及如何负责任地部署它们做出更明智的决定。

目前，模型卡的主要应用场景是谷歌云平台上的 Google Cloud Vision（谷歌云愿景），这是谷歌推出的一款功能强大的图像识别工具，主要功能就是学习并识别图片上的内容。利用谷歌在大型图像数据集上训练的机器学习模型，开发人员可以通过调取这个应用程序编程接口（API）来进行图片分类及分析图像内容，包括检测对象、人脸及识别文字等。而模型卡则为谷歌云愿景面部检测和对象检测功能提供了解释文档。

对于技术人员来说,可以借助模型卡来进一步了解算法的性能和局限性，从而能够提供更好的学习数据，改善方法和模型，提高系统能力。但模型卡的作用绝对不仅限于此，它提供了更为宏大的想象空间。值得一提的是，近年来除了谷歌，脸书、IBM 等大公司都推出了免费的技术工具，开发人员可以运用此类工具来检测 AI 系统的可靠性和公平性。

对于行业分析师和媒体记者来说，他们可以通过模型卡了解算法，从而更容易向普通受众解释复杂技术的原理和影响。

而随着与模型卡类似的技术思路得到更广泛的开发和应用，普通人可以进一步从算法的透明性中获益。比如，当人们向银行申请贷款时，银行所使用的大数据算法会对其进行信用评分，进而决定其是否能够获得贷款及贷款额度大小。当一个人申请贷款却遭到系统的拒绝，往往只会收到简单的提示，比如“由于缺乏足够的收入证明，而拒绝了你的申请”。但具备算法常识的人都会知道，运算过程不会是一维的，导致最终决策的是算法模型的特定结构及部分要素的权重。而参照模型卡，普通人就可以根据算法侧重的要素来强化自己在某些维度上的表现。

模型卡甚至可以帮助发现并减少算法偏见、算法歧视等问题。例如，在基于人脸识别的犯罪预测系统中，算法在不同人群的识别上是表现一致，还是会随着肤色或区域特征的改变而产生不同的结果？模型卡可以清晰地展现这些差异，让人们清楚算法的性能及局限性，并且鼓励技术人员在开发过程中就考虑这些影响。

除了模型卡，在可解释性 AI 这项工作上，谷歌有更多的表现，比如其在 Google I/O 2019 开发者大会上发布的一项技术——概念激活向量测试（Testing with Concept Activiation，TCAV）。与模型卡有所不同，概念激活向量测试所侧重的是呈现不同因素在识别算法运作中所占的比重。比如识别一张图片上的动物是否是斑马，概念激活向量测试可以分析哪些变量在识别图像时发挥了作用，以及各变量分别发挥了多大的作用，从而清晰展示模型预测原理。由结果可见，在各项概念中，“条纹”（stripes）占据的权重最高，“马的形体”（horse）次之，“草原背景”（savanna）的权重最低，但也有29%。

无论是模型卡还是概念激活向量测试，它们都代表着一种将算法的可解释权交由社会大众的努力路径，进而达到规制算法权力、缓和算法决策风险的目的。这是它们的创新性所在，也是社会价值所在。正如前文所述，对于算法的恐惧，不仅仅是一个技术层面的问题，更是社会意识层面的问题——人们天生对陌生事物具有恐惧情绪。在这种情况下，以推进人与AI对话的方式打开算法黑箱，无疑可以打消种种疑虑，增加人们对算法的信任，从而为人工智能在更大范围普及开辟前路。随着算法深入更广泛的领域，可解释性AI这项工作会有更大的前景。

这对国内算法技术的发展也有着切实的启发意义。比如，内容推荐算法遭受着信息茧房、意见极化等种种质疑，很多科普方面的努力收效甚微，技术壁垒仍阻碍着普通用户接近算法。如果能借助模型卡，以一种更友好、清晰的方式展示推荐算法的原理、性能及局限，无疑能够增进人们对它的理解。

所以，以模型卡为代表的“可解释性AI”更像是一种对话方式。它不仅仅促成技术与技术人员之间的对话，而且促成了专业人士与普通人的对话。算法的可解释性提高之后，开头提及的杨立昆与网友的骂战就会大大减少，因为那时候，人人都知道算法的偏见来自何处，或许在引起争议之前，大多数问题就已经解决掉了。

可解释性AI，也没那么容易

到今天为止，“可解释性AI”的说法已经提出了一段时间，但实际上并没有掀起太大的波澜。或许在理想的“实验室”环境下它大有可为，但放诸现实语境中，算法可解释性的推进还有一些阻碍。对于算法可解释权本身的存在及正当与否，无论在理论维度还是实践维度都存在着重大的分歧。

首先，算法太过复杂以至于无法解释。要知道，大多数具备良好性能的AI模型都具有大约1亿个参数，而这些参数往往都会参与到决策过程之中。在如此众多的因素面前，如何用模型卡判断哪些因素会影响最终的结果？如果强行打开“算法黑箱”，可能带来的结果就是牺牲性能——因为算法的运作机制是复杂、多维度而非线性的，如果采用更简单、更易解释的模型，无疑会在性能方面做出一些取舍。

其次，尽管AI的可解释性重要程度很高，来自社会多方的压力成为可解释性AI的推进动力，但对于这项工作的必要性与最终的可行性，也要打一个问号。因为人类的思维与决策机制也是复杂而难以理解的，即便在今天，我们也几乎对人类决策过程一无所知。倘若以人类为黄金标准，还如何期望AI能够自我解释？如果是在非关键领域，AI的可解释性又有多重要？

杨立昆就认为，对于人类社会而言，有些事物是需要解释的，比如法律。但大多数情况下，其他事物的可解释性并没有想象中那么重要。他又举了一个例子，多年前他和一群经济学家合作，做了一个预测房价的模型。第一个使用简单的线性猜测模型，能够清楚解释运作原理；第二个用的是复杂的神经网络，预测效果比第一个更好。后来这群经济学家开了一家公司，他们会选择哪种模型？结果很明显。杨立昆表示，任何一个人在这两种模型里进行选择，都会选效果更好的。

最后，通过政策条例和伦理准则提升算法透明度，依然存在一些局限性。要知道，要求算法具备可解释性与企业的利益可能会产生强烈冲突。简单公布一个模型的所有参数，并不能清晰解释其工作机制。反而在某些情况下，透露太多算法工作原理的相关信息可能会让不怀好意的人攻击这个系统。另外，由于算法黑箱的存在，只有少数人具备解读及修改的能力，研发机构不必过分担心自己的科研成果泄漏。如果面向用户和公众的解释成为必选项，既有的 AI 系统则有可能面临一系列风险，包括但不限于知识产权（利用反向工程重建系统）和系统安全（恶意的对抗攻击）。

在解释的可能性与必要性、信任与保密等多重张力之下，围绕可解释性问题的争议仍无定论，但一种共识正在逐渐达成，就是试图一网打尽的可解释性方法显然不具备可行性。没有一种模式能够解决所有问题，随着算法技术的不断发展，可解释性工作的路径与方向也应该不断适应算法的发展。

同样，AI 可解释性不仅仅是一个技术原理的问题，也是技术伦理、社会意识的问题。谷歌也承认，它并不想使模型卡成为自己的一个产品，而是成为一个由多种声音构成、共享并且不断发展的框架，其中包括用户、开发人员、民间社会团体、行业公司、AI 合作组织及其他利益相关者。面对如此复杂的一个问题，AI 的可解释性应该成为世界范围共同的目标与追求。

“流量普惠”如何助力快手突围?

2020年对快手来说是关键的一年。年初，快手日活跃用户数（Daily Active User，DAU）突破3亿大关；6月，快手黑话“奥利给”通过一支视频在全网破圈,分发逻辑转变,增设上下滑动;11月,快手宣布启动香港上市计划。

那个印象中一直为二三线城市、乡镇、农村地区服务的短视频App，转瞬间已然成为这个时代流行文化的发源地之一，并搭建起自己的商业堡垒。快手利用“农村包围城市”的方式，实现在视频赛道的突围，其中核心的策略被快手总结为“流量普惠”。

这个看似充满公益色彩的策略，是如何帮快手在早期聚集大量用户，并最终形成自己独具特色的内容优势?

定义：多元视角下的“流量普惠”

快手颠覆了互联网产品“城市包围农村”的传统扩散路径。技术进步的故事往往从一线城市开始：通信工具、电商服务、线上娱乐……每一项互联网技术应用都带着城市生活方式的烙印，然后再逐渐扩散到二、三、四线城市和农村地区。中国有 5.66 亿农村人口，[①]2018 年底农村网民的规模达到 2.22 亿。[②]这部分人群的日常生活和精神面貌长久以来并未进入互联网的主流话语，直至快手的出现：满身炭黑的泥娃娃跳鬼步舞，百岁老年人执笔作画，年轻小伙野外烹饪……

"他们很新鲜，很令人惊讶，有时候甚至（让人）很难接受。我觉得这是很正常的，我们的世界割裂得太厉害了。"快手投资人张斐这样评价快手的内容。"不一样"被快手早期团队捕捉到了，"记录和分享生活"是人的本能，"被他人认可"更是人人心向往之。服务于这个人群，展现所谓"五环外人群"的生存状态，让他们有机会被看到、被关注，这也成为快手的产品路径选择，即"流量普惠"策略——给每位内容生产者公平的曝光机会，激励整个平台内容拍摄的多样性。

2013 年"GIF 快手"由工具转型为短视频社区。2013 年 12 月 4 日，工信部正式向三大运营商发放 4G 牌照；彼时，小米正式推出千元档位智能手机红米 1S。软硬件均到位后，短视频迎来第一次爆发。2015 年快手 DAU 是 1000 万，到 2017 年，这个数字涨到了 1 亿。2020 年，快手 DAU 已逾 3 亿，并且在 2019 年实现总收入 500 亿元，其中直播收入接近 300 亿元。

2020 年 7 月，快手发布《致披荆斩棘的你——2020 快手内容生态半年报》。报告显示，快手用户在一线、二线、三线、四线及以下城市的占比分别为 15%、24%、30% 和 31%。

短视频和其他互联网内容商业模式类似，本质是注意力经济。"关注"

---

① 董峻，杨静 . 70 年，中国农民占比少了五成 [EB/OL]. (2019-09-03) [2021-02-01]. http://www.gov.cn/xinwen/2019-09/03/content_5426855.htm.

② 农业农村信息化专家咨询委员会 . 中国数字乡村发展报告（2019）[R]. 北京：农业农村信息化专家咨询委员会，2019.

是人类与生俱来的能力，每个人同时是注意力的生产者和消费者，获得更多的注意力意味着有更强的影响力，可以置换更多资源和财富。[①]互联网一如现实世界的映射，现实世界中财富分配不均的现象，在互联网体现为注意力分配不均，少数人吸引了大部分注意力。用互联网产品的话术表达，少数人把控流量入口。

短视频平台作为规则制定者，却可以控制流量的闸门。“热门内容推荐”是主流选择——由平台方和头部生产者决定用户观看什么。头部内容往往是普适度极高的大众文化，比如社会热点、明星动态，能快速吸引用户注意力。

快手的流量分发和上述模式略有不同，它希望给普通用户更多机会，在快手看来，用户既关注时下热门内容，也追看社区朋友的家长里短。这意味着，不止头部创作者被关注，普通创作者在快手也能被平台发现、关注和推送，这就是所谓“流量普惠”。

“流量普惠”一度支配着快手的产品设计、算法逻辑和运营思路，它的意义不限于“普惠”，而是为流量分配架设另一种可能。本节将系统梳理“流量普惠”的产品逻辑、创新价值和局限性。

基尼系数：流量的转移支付

快手的口号是“记录世界，记录你”。快手创始人宿华在2016年的一次采访中说：“希望地球上每一个个体，把自己看到的一切，喜怒哀乐都记录在快手里。这些都是可视化的回忆，将整个世界的影像，存在快手上。”2017年，在被要求写下关于快手的四个关键词时，宿华首先写下的就是“记录”一词。

当一个普通用户生成内容（user generated content，UGC）平台拥有了足

① 集智俱乐部．走近2050：注意力、互联网与人工智能[M]. 北京：人民邮电出版社，2016.

够多的用户，它其实面临着抉择：是站在观看者的立场上，挑选些精美的“糖果”投喂，诱导他们拿出更多的注意力，还是站在生产者的立场上，让每一个不仅仅是大流量的话题，还有许多细分话题甚至普通人的日常的内容都尽可能得到推送，从而鼓励他们继续生产。

快手选择了后者。它想要服务的人群，不仅仅是单纯“找乐子”的用户，还有那些乐于记录、分享自己生活的“记录者”——甚至，在快手最初的构想中，相比于“想红”“博取粉丝和流量”，这些记录者应该更倾向于“单纯地想要记录自己的见闻并向全世界分享它”。

这些价值反映在产品设计上：给予普通创作者更多、更合理的曝光机会，这意味着为创作者匹配更多、更精准的观看者。

快手是一个市场，产品设计是交易规则，规定什么可以做、什么不能做；技术是工具，保证市场交易规则的顺利实施；创作者和观看者分别是供方和需方，在市场规范下实现精准匹配。

创作者视角：冷启动和流量“上有封顶”

一条短视频从用户上传到平台推送，之间会经历什么？

人们投入高成本做一件事，往往会考虑投入回报比。短视频流量分发遵循同样的道理：在匹配高流量之前，短视频会经历一个测试，如果在小流量的池里获得了良好反馈，再推向大流量池接受考验。

第一次分发，短视频进入“关注页面”和“同城页面”（见图 2–5）。“关注”页面指常说的私域流量，即被创作者的粉丝看见。由于快手不具备转发功能，所以“关注页面”的展示并不能直接增加曝光量。

“关注页面”将作品展示给老朋友，“同城页面”是平台给创作者引荐

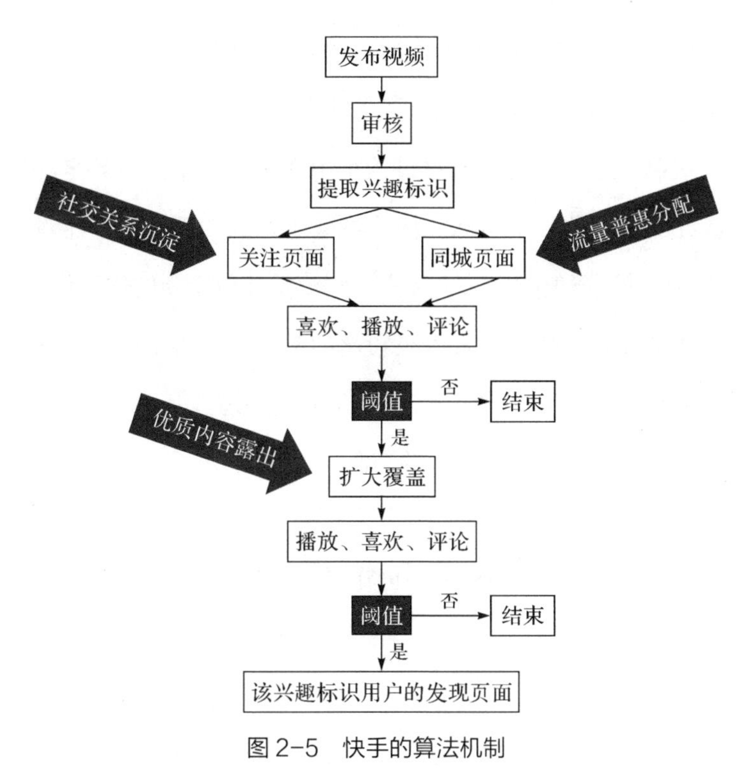

图 2-5　快手的算法机制

内容来源：混沌大学。

新朋友。同城基于地理位置推荐内容，将视频展示给创作者周围的用户，拓展其本地朋友圈。新上传的视频将获得 300 个基础曝光量，从而帮助零粉丝的创作者实现冷启动。

短视频的潜力由观看者的反馈决定，转发量（指转发至别的平台）、评论量、点赞数和完播率是基本衡量指标。一旦到达某个标准，这条短视频将被推荐给更大范围的受众，即第二次分发。如果热度继续攀升，系统将会给予更多推荐，最终依据其标签投入用户的“发现”页面；如果拥有数十万的点赞量，则可能进入“精选”页面。

这种层层递进的流量分发方式，被快手称为“爬坡机制”，阶梯式流量分发已经逐渐成为短视频平台筛选优质冷门内容的标准配置。

如果说“爬坡机制”帮助创作者更高效地冷启动，那么“基尼系数”（Gini Coefficient）机制是尽可能避免流量过于集中在头部。基尼系数是经济学中用来衡量财富分配状况的一个指标。快手将基尼系数的理念用于流量分配：短视频播放量到达某一阈值时会减少曝光，将流量让位于新的优质作品。

对于创作者而言，快手对百万级粉丝的头部创作者采取流量抑制措施，对每条视频的播放量、点击量进行约束性考核。播放量大于 50 万次的头部视频流量仅占总流量的 30%，剩下的 70% 给普通创作者。因此，腰部创作者与头部创作者沉淀下的粉丝数量差异不大：粉丝数在 1000 万以上的创作者为 0.14%，粉丝数在 500 万～ 1000 万的创作者占 0.32%。

观看者视角：双瀑布流与“去热门”

快手扶持中小创作者，他们创作的内容大多是对日常生活的记录，远达不到电视台节目那样的专业和精致程度，这样的内容会吸引何种观看者？首先，用户在短视频中猎奇，他们好奇“废柴爱迪生”的动手能力，关注卡车司机的奇遇；其次，用户与创作者共情，他们与创作者生活在同一城市，或有着类似的经历和喜好，能在经验和情感上产生共鸣。

双瀑布流给用户较大选择权。个性化推荐依据用户过往喜好投递内容，但它不决定用户最终看什么，所以快手双瀑布流的设置，为算法分发设置一道缓冲带，让用户在“看什么”上拥有最后的选择权。“选择”的动作稀释了算法分发的偏差，让“机器推送”和“自主决定”彼此走近一步。

不做站内转发和热门，避免头部马太效应。快手创始人兼首席产品官程一笑对此给出解释：只要你发一个内容，我一定会给你展示出来。而一旦转发，头部效应就会很明显，就没有办法让每一个人公平地被看见；也是因为不能转发，用户需要通过自己生产内容进行自我表达，2019 年，2.5 亿人在快手上发布过作品，上传 4 件作品以上的用户比例达到了 47%。

效果：对产品形态的影响

审视一款产品的受欢迎程度，往往看月活跃用户数（monthly active user，MAU）和留存率两个指标。

作为头部短视频平台，快手在中国拥有广泛的影响力。2020 年 2 月 21 日，快手大数据研究院发布《2019 快手内容报告》。报告显示，快手日活在 2020 年初已突破 3 亿，快手 App 内有近 200 亿条视频；2019 年，有 2.5 亿人在快手平台上发布作品，平台累计点赞超过 3500 亿次。

在流量普惠的策略下，快手形成了较独特的产品形态。

去中心化社区：人比内容更重要

快手的产品形态不限于短视频媒体平台，它定义自己是线上社区，强调人与人的连接，非单向获取内容。

2013 年 7 月，快手从工具型产品（GIF 快手）转型为短视频社区，快手工具增加了内容分享功能，用户生产的内容可以在社区里分享给所有网友。“分享”这个动作是快手走向社区的开始。

一个可存续的社区有两个基础，用户间具备共同价值取向和保持互动的条件。在初期的快手社区，“分享”是互动形式，那么如何在一个原生的短视频平台中筛选出感兴趣的内容或人，从而达成共同价值呢？搜索时代，人寻找信息的成本高昂，需要清晰定义“我的需求”“搜索关键词”。

幸好，快手社区遇上人工智能。2013 年底，智能算法被用于快手的内容分发。智能算法做的事情是“断物识人”，分别了解短视频和用户的特征，基于特征信息打标签，并将两者匹配，帮助观看者更高效地找内容。

算法连接观看者和内容，产品的定位和规则让观看者对内容背后的创作者产生兴趣。打开快手 App 会发现，创作者们将个人生活、职业、特长记录在网络空间，它极具不可替代性和浓郁的个人色彩。不管是双列瀑布流，还是在视频页面大量露出创作者信息（见图 2–6），或是短视频下拉就是评论互

图 2–6 快手的双列瀑布流呈现及创作者页面的互动

动区，都在传递一个信号：这不仅是在刷视频内容，而且是在围观一个人和他的生活。

最终，一个以创作者为中心的小社群形成。它不是实体的“群聊”，而是一种对关系网络的描述。一波粉丝如卫星一般环绕在创作者周围，形成一个关系网络，他们之间有共同的期待和紧密的互通。同时，创作者也积累了私域流量，不必过度依赖平台的算法推荐，大禹网络科技有限公司创始人旷峰认为，这样做的好处是沉淀私域流量，能给创作者带来长期安全感，而不是考虑赚一波短期快钱。

在快手，这样的小社群有千千万万，大多是自发形成的，被称为去中心化的社群结构。“老铁关系链”“县城朋友圈”就是快手上社群结构的特色化描述。快手的互动率高达 5%，互动率指评论数和私信数之和占播放量的比例，一定程度上反映出创作者和粉丝之间的黏性。

更旺盛的表达欲和更丰富的视野

《2019 快手内容报告》显示，快手 App 上有近 200 亿条视频，人均上传量超过 4 条，二、三线城市的创作者占到 60%，是拥有极高创作活跃度的社区。

流量更平均分配也意味着观看者能收到类型更丰富的短视频，有助于缓解信息茧房效应。凯斯·桑斯坦在《信息乌托邦——众人如何生产知识》中首次提出信息茧房的概念，认为人们只注重自己选择和偏好的内容，久而久之，将自身桎梏在蚕茧一样的“茧房”中。快手除了在内容上尽可能地展现真实世界，也在算法逻辑上模仿人类探索真实世界：“在真实世界中，一个人可能会从自己的朋友那里获得信息，然后从中获得新的兴趣。这种方法也可以通过算法来呈现。”另外，快手也尝试在算法中引入随机性，因为人们的一些爱好在某些情况下是机缘巧合。

创新点：机会平等

技术化的资源再分配

财富创造和资源分配是每个时代的重要命题，互联网时代也不例外。互联网是信息技术，其提供的信息服务需要人们拿注意力交换。注意力资源如同互联网时代的硬通货，占据更多注意力的人和机构在互联网商业中占据优势地位。

快手的流量普惠，本质上是通过产品设计和算法设置进行资源再分配。快手投资人张斐认为，快手之所以能够深入三、四线城市，其背后的底层逻辑是技术升级，这是技术进步带来的结果。技术赋予人们更多、更便捷的表达工具，通过推荐算法，每个人都能将自己的表达传递出去，优秀的创意者更能受到广泛关注。无论是基尼系数流量调控，还是刻意不做“转发”“热门榜”等功能，本质上都是避免流量的头部效应，让每个创作者都有获得注意力的机会，帮助他们冷启动，更大程度推动流量上的“机会平等”。

快手的流量资源再分配最大的启示在于：“机会平等”不再是一个遥远的命题，技术创新作为杠杆，正在让社会中的无形资产有越来越强的流动性；技术产品不限于满足文化生活需求，也潜移默化地改变着现实社会的规则。

“同城”与地缘关系

快手把基于地理位置的社交应用实践往前推进了一大步，成为流量普惠策略中不可忽略的组成部分。

“同城”页面是观看端的拓展，也意味着给创作者提供流量来源。从内容推荐的角度看，主界面上的“关注”和“发现”是基于用户的喜好进行内容推荐，“同城”是基于用户真实的地理关系进行内容推荐。相比一、二线城市用户，快手在早期主打的三、四线城市和农村地区用户更深地嵌入地缘结构中，有极强的区域性。同一个城市的用户，具有同样的语言、文化、风俗，相似的娱乐方式、饮食习惯，同城推荐建立在这些相似性之上，更有可能引发共鸣，从而引发观看行为。

2012 年上线的“同城”功能，是快手流量分发的重要武器，一方面它贴合快手用户特点的产品设计，另一方面它在为线下关系建立、线下商超导流培育潜力。

难点：“普惠”难以通向罗马

“普通人的星探，潮流的发动机”，这是快手高级副总裁马宏彬对于流量普惠的解读，但这只是“普惠”的外在呈现，背后一整套产品机制和商业策略才是真正的内核。流量普惠是快手的底层价值，其算法设计和产品功能均围绕这个核心价值展开，前文提及的“去头部化”“同城”实际上都为快手打造了社区氛围，而不是让它像一个视频媒体。

在互联网产品发展的历程中，“媒体形态”一直是与“社区形态”相反的概念，媒体有明确的内容中心和热门引导，用户消费内容；而在社区中，用户不仅仅消费内容，更重要的是内容背后的人。在眼下的内容产品中，社区形态和媒体形态并没有明确的分野，但是在用户习惯和变现路径上有巨大的差异。

而流量普惠策略促成的社区形态，终于在快手的变现之路上，抛出了灵魂拷问：在保证直播收入的情况下，如何提高商业化收益？

2019 年，快手总收入达到 500 亿元，直播收入接近 300 亿元，广告收入在 130 亿元左右。快手大数据研究院发布《致披荆斩棘的你——2020 快手内容生态半年报》，报告显示，截至 2020 年 7 月，快手直播日活达到 1.7 亿，电商日活超过 1 亿，交出了一份非常漂亮的成绩单。

这恰恰也反映了快手的产品结构——以打赏为主的直播收入，占到总收入的最大头。这不难理解，“打赏”行为反映了人与人之间的互动与信任，基于这种相互的激励，用户产生赠予礼物的想法，于是就有了付费的动机。大禹网络科技有限公司创始人旷峰认为：“快手的风格是非常真实的。短视频领域认为，越真实越带货，越美好越广告。真实的场景未必吸引人，但它离受众足够近。”这很好地解释了快手直播带货、打赏收入高的原因。

但直播收入走高的另一面，是商业化动力不够强劲。商业化主要指广告营销，这部分收入依赖头部内容的大量曝光，具有极强的媒体属性。快手内部人士也承认，公司商业化起步较晚，快手于 2011 年成立，但直到 2019 年才完成商业化系统“磁力引擎”的全面建设。刺猬公社创始人叶铁桥谈道：“虽然会比较排斥像中心化、强势运营这样的词汇，但在对比那种商业化能力和前景上，中心化运营的优势会更明显。”媒体是中心化的逻辑，它的商业模式是二次售卖（将内容售卖给读者，再将读者的注意力售卖给广告主）。但快手更依赖打赏和直播带货，很难通过典型的媒体逻辑变现，这是快手的算法策略带来的结果。

但快手也在不断调整其商业化策略。2020 年 5 月，快手发布内部信宣布组织架构调整，将战略重点放在上下滑动的观看方式、南方（加大对南方市场的渗透）和产业化。值得玩味的是，上下滑动的产品形态和快手之前主张的双瀑布流，有很大不同。无论是后台算法还是商业化，上下滑动的产品形态都在抓取注意力和广告承载上，拥有更多潜力。这也有可能提升快手在广告方面的变现能力。

今天，“流量普惠”依然是10岁快手的重要战略。在过去10年中，快手从一家只有几个人的创业团队，发展到今天有超过1万名员工的技术公司，流量普惠带来的社会福祉有目共睹，它用一套技术化的解决方案，更均衡地分配网民的注意力，让更多普通创作者也能吸引更多镜头和目光，同时，资本市场的反馈也在不断验证其商业能力。

同样，快手还面临着挑战。在2020年5月组织架构调整后，快手试图更进一步提升从产品到运营再到商业化的能力。在外界看来，快手变得更狼性了；而在用户端，也能够清晰地感知快手在产品调整上不断加快的步伐。

只是在一切未成定局之前，快手的未来将通向哪里，还需拭目以待。

再造“小破站”：B 站社区氛围的失落与新生

这是一篇对 B 站的案例研究，我们来破一破“社区氛围”这个题。

谈到 B 站的好，“社区氛围”总会被首先“吹捧”，它是 UP 主（uploader 的简称，指上传视频、音频文件的用户）们的发电机，用户创造力的涂鸦板，但是，很少有人能确切表达 B 站的社区氛围到底是什么。提到 B 站破圈之变，社区氛围也最常被拿来讨论——壮大后的 B 站，是世风日下还是氛围如初？

这个问题要从 B 站的弹幕礼仪开始谈起。弹幕作为 B 站的一种重要 UGC，某种程度上，就是社区氛围的晴雨表，弹幕礼仪则是 B 站早期氛围建构的主要抓手。

通过案例，我们发现了 B 站打造优质社区氛围的独家经验，但同时，也意识到它作为内容社区所不可违背的某些亘古定律。

弹幕礼仪考古

源于弹幕特性和二次元文化[①]

哔哩哔哩（Bilibili）弹幕网，成立于 2009 年 6 月 29 日。早期的 B 站是

① 二次元（two dimensions），是 ACGN 亚文化圈专门用语，指二维动画、漫画、游戏等作品构成的虚拟世界。——编者注

一个 ACG（动画、漫画、游戏）视频分享与创作平台，并以弹幕这种新奇的互动方式为人所知。弹幕即浮于视频表层的用户评论文字，最早为日本网站 Niconico 动画所使用。它从右向左飘过屏幕，数量很大时，场面就像飞行射击游戏里满屏的子弹，因此得名。

弹幕的大胆之处在于，它入侵了观影的场景，为内容消费加入了社交属性，这就为 B 站打下了作为内容社区的基础。“视频本质上是不同频的，弹幕把这个事变成同频的了，参与感特别强。”B 站知识区 UP 主动动枪这么认为。

一方面，弹幕对激励 UGC、形成社区氛围有着催化作用。除了用来交流感受，早期的弹幕也具有较强的功能性。B 站游戏区 UP 主芒果冰 OL 回忆道：“比如视频里有什么概念我不懂，会有弹幕出来解释；有的番剧没有字幕，有人一句一句去翻译；或者一场演出，大家会帮忙报幕、发歌词。”这种功能性，蕴藏了 B 站用户乐于分享互助、亲手建设社区的能动性，后来慢慢成为社区文化的一部分。

另一方面，这种“入侵式”的弹幕如果不加以引导，也会大大破坏观影体验。作为 2011 年入站的资深二次元用户，兔纸认为，二次元圈内一些不成文的规范就是如今弹幕礼仪的雏形。“早期在 B 站看动画，大家最讨厌有人剧透，或者说话不看场合，在一部作品里疯狂刷其他作品或其他角色，又比如在抽卡游戏里炫耀自己的卡片，这些是大家普遍讨厌的弹幕内容。”

弹幕礼仪的落地成文

弹幕礼仪的发展相当于早期圈子文化的延伸和成熟化。2020 年，B 站官网所发布的“何为弹幕礼仪”文本，包含“剧透”“引战”“KY”等十余条内容，依然留有当年的印记。

兔纸谈道："最早官方没有介入太多，只提供了一个举报功能；直到2014年前后，B站走向外扩，就开始对弹幕做正式管理，首先推出的就是它的正式会员注册机制。"

B站拥有号称"史上最严格"的社区转正考试制度，在2013年5月正式启动。此前的几年，仅在特定节假日开放注册，或者必须通过正式会员用硬币购买邀请码。最早，社区考试题大都与二次元相关，后来增加了专门的弹幕礼仪题库。题目一般是模拟某种场景下发什么弹幕是合适/不合适的，新用户通过做题，就对这些约定俗成的规范有所了解。

答题作为用户准入的一个起点，此后几年，B站也在多个用户使用环节进行了管理和引导（见图2–7）。

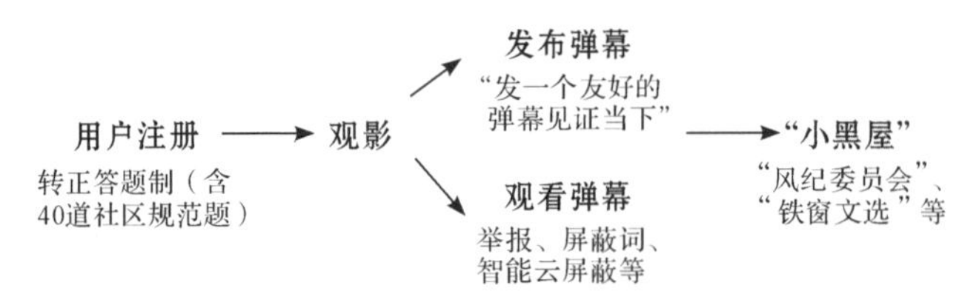

图2–7 B站弹幕礼仪引导机制

2013年5月，启动"社区转正考试制度"。不通过转正答题的用户，可以观看视频，但不可发布弹幕。

2017年，一系列名为"弹幕阳光计划"的产品技术更新逐步上线，包括设置屏蔽词、智能云屏蔽、申请字幕保护等。

2017年2月，"小黑屋"平台上线，用于违规处罚和案例公示；同年6月，"风纪委员会"启动，邀请用户参与社区治理。

通过产品、技术和运营手段的协同，B站搭建了从用户准入教育，到日常内容消费、社区互动，再到违规处罚、二次教育乃至众包治理的整个流程。

社区氛围的本质

社区氛围是一种筛选机制

弹幕和弹幕礼仪就是B站社区氛围的一种外化表现。弹幕是B站用户的主要评论方式，是B站最主要的UGC内容，而社区的本质是一个UGC平台。

社区做的是人和内容的生意。通过人生产内容，再用特定内容连接更多目标用户。在这个过程中，社区氛围起到的是一种准入和筛选作用。知乎教育负责人闫泽华认为："媒体有调性，社区有氛围。只是说，媒体调性是通过编辑的专家型约束，来产出某种特色的内容；而由于社区是依靠UGC，社区氛围就是针对广大用户和内容所设定的准入标准。"

因为约束的对象宽泛，它的主要实现方式不是刚性的令行禁止。资深社区产品经理Zoe说："规则一定是奖惩，规则只能出法律。但是礼仪或氛围，是你感受到的，是一种人性的趋同。当你到一个地方，发现所有人都在发'哈哈哈'的时候，你不会跟上去发一句脏话对吧？"

物以类聚，人以群分。社区氛围就类似线下社会的圈子文化和乡土习俗，来源于群体的某种同质性（例如身份、兴趣、目标、利益）。豆瓣资深创作者草威谈到一点：社区氛围好的一个特点是用户喜欢说"黑话"。"黑话"让人觉得有同类，有归属感，有凝聚力和战斗力。动动枪认为，B站的社区氛围也体现在用户对UP主有强烈的信任感，对内容有很深的认同感。

社区氛围的两个层面

在线社区为了实现中心化管理，把一些原生特色提炼出来，作为一个产品的准入门槛。准入一般分为两个层面。

一、底层的普适价值，各个社区大同小异，例如安全、人身攻击等。

二、具有社区人群、内容、场景特色的规范，例如在B站发弹幕，不能过度跟风或破坏气氛等。

在第二个层面上，不存在“好”的社区氛围，只有符合目标用户的价值观和规范的社区氛围。这里闫泽华举了个极端的例子：“上海有个本地用户社区叫宽带山，在论坛中，上海人将外地人称为‘硬盘’。这是典型的地域歧视，但在某种程度上，也构成了社区本身的价值观和氛围基调。”高度同质化的目标群体，反而更有可能对圈外人产生排斥。

至于社区氛围真正的评价标准，闫泽华认为，是否对生产和消费构成影响，是两个直接评价标准。“弹幕礼仪核心把控的，就是不要因为不合时宜的弹幕抑制了UP主的内容生产，也不要进一步破坏更多人的观看体验。”而评价好的社区氛围，另一个可以参考的点在于，能否实现对新用户的同化。

B 站经验启示录

B 站做对了什么

• 压制扩张节奏

社区氛围具有筛选作用，在帮助社区增长的过程中，筛选出目标用户，不断同化为一个更大的共同体。而这种同化效应，存在一个同化速度问题。闫泽华举例描述了这个现象："比如同时进来 10 个人，有些人不喜欢你的社区氛围，走了 3 个，剩下 7 个被同化，成为你的一分子，稍微有一点噪声，但问题不大；但如果一下子进来 100 个人，本来（按比例）应该走 30 个人对不对？但这 30 个人不一定会走，因为他们（可以）自成一团，是强势的，反而把你的社区分化了。"

因而，社区一直是互联网中的慢热领域，动辄闷声发展 5 年 8 年，早期的节奏尤为重要。从成立的 2009 年 6 月至转正答题制启动的 2013 年 5 月，B 站一直保持着限制注册状态，4 年间累计仅开放注册了 13 天。有统计称，2013 年前的注册用户数不超过 100 万。

开放注册后，转正答题制依然管控着用户的发弹幕权限。"B 站的发展在 2017 年之前都是比较稳健的。入站考试非常非常难，如果不去搜答案，必须是一个资深'二次元'。"芒果冰 OL 如此评价。

在保证了早期窄众用户、明确的氛围打造之后，Zoe 认为 B 站的扩张水到渠成，不是盲目的。她分享了自己之前的打法："主要去看生产端的供给，当某个领域供给足够丰富时，就会去新开一个品类，不会过多地开空窗。如果内容质量 OK，用户会自然增长。"

• 创作者成长与保护

由于供给决定需求，社区到一定体量后，优质创作者就成了核心资产。从产品视角看，Zoe 认为，B 站之所以在蝶变过程中能够保持社区氛围，对创作者的培养是一个比较重要的因素："一个原创博主来我这，要怎么样发展，他的路径和实现机制除了直接的流量和钱，还有用户投币、原创保护等。"

不过，一些 UP 主跟官方接触后，感觉 B 站的整体风格比较"无为而治"，运营者的特点是真心喜欢做这件事。"员工很多也都是'用爱发电'。他们愿意挖掘 UP 主，将其推成更大的 UP 主，他们会有成就感，是这些东西在驱使，不完全是奖金之类的。"

动动枪还提到："如果伤害到 UP 主的核心利益，B 站官方是会下手的。"之前发生过 B 站锤人区、百大暗杀名单、巫师财经退站等事件，B 站都站了出来。"也听说管理层会去亲自签下一些 UP 主。"芒果冰 OL 也认为，"锤人"事件中，B 站选择了主动降热度，推荐里永不可见锤人视频，至少对这个事有缓解作用。

• 柔性教育，刚性治理

如果答题是 B 站的前置教育，"小黑屋"可以算是二次教育或寓教于乐的地方。兔纸就常逛"小黑屋"："你可以围观各种奇葩人类。谁发了什么弹幕，还可以去评论这些奇葩内容。比如有人发了个卖黄片的，评论区一堆人就开玩笑说'快快快发给我'，又变成另一个好玩的功能区了。"

由于围观用户的创造力旺盛，B 站甚至为此开了一个名为"铁窗文选"的栏目，把对违规案例的精彩评论筛选和发布出来。在 B 站的很多角落，都能看到这种风格化的运营手段，它加深了社区教育氛围，也消解了枯燥严肃的说教之风。

不过闫泽华指出：“所有这些 showcase（展示）是给好人看的，处理坏人时它是不会留情的。”与柔性教育相对的，是刚性的治理，对应着 B 站的社区规范、处罚条例，以及背后起支撑作用的各种反垃圾和过滤机制。

Zoe 认为，内容治理并不新鲜，关键在于效果如何。“SPAM（搜索引擎垃圾技术）反垃圾策略各个平台都在做，看起来都差不多，但是比如过滤的点到底对不对，用户侧感知到底好不好……就从最终效果上看，B 站的过滤机制应该不错。”

从历史到人为？

• 最初的社区基因

“与 B 站做对了什么相比，我觉得历史的因素更多一些。”芒果冰 OL 这么看待 B 站所拥有的社区氛围，“产品诞生之初就给它奠定了一个基因。ACG 这个圈子，最开始相对小众，说不恰当一点，所谓精英化也好，至少在 2010 年或 2013 年之前，B 站更多是在大城市年轻人中流行，不是很下沉。如果生活在三、四线或者五、六线城市，身边没有土壤，大家不会讨论。”

内容和人之间存在双向选择，并且会不断循环，产生放大效应。Zoe 描述了这个过程：“当最有创造力、最有行业沉淀的人都在这里发弹幕时，弹幕质量肯定就高。而我来之后，也会被激发去发一些有创意的东西，我不会在一个很‘水’的地方一枝独秀。”

• UP 主从原生用户中来

几乎每一个 UP 主首先都是 B 站用户，后来才成为 UP 主，而短视频平台上很多人是直接奔着挣钱去的。动动枪认为这是B站氛围好的一个至关重要的原因。

“2020年之前，大的MCN（multi-channel network，多频道网络，一种新的网红经济运作模式）很少在B站布局。2020年三个比较大的事件，一个是B站春晚，一个是巫师财经跳槽，一个是后浪，才导致大量广告主涌向B站。但是他们一来发现搞不懂，有的号有流量没粉丝，很尴尬，这个问题特别现实。B站知名UP主‘半佛’早期也是传统媒体人，从微信到知乎，再后来到了B站。但他一定是B站多年的深度用户，对用户的理解非常深，才能这么玩得转，很懂引导，比如这段时间流行语是什么就会去cue（暗示），大家互动就很好。”

网络流行语背后反映了一代人的时代精神。动动枪曾经经历了一期视频弹幕的“翻车”，反思之后，对这一代B站用户的时代精神有了深层领悟：

> 我把80后到90后的网络文化概括为帝吧文化，如白富美、高富帅等。你可以看出，他们虽然不满意，很戏谑，但还是希望能够实现阶级跃迁的；但现在的年轻用户，就是消解一切，他们完全不在乎。比如当你评论某人不好，有人反驳说他很好，其他人可能就会回复‘你是他的孝子吧’，紧接着又有人说‘他都有孝子，真给人整乐了’。你虽然很气，但你没有脾气，这就是今天小朋友的语言方式。
>
> 更底层其实是，他们有强大的国家自信和民族自信。我们公司一个1998年生的人，人生中坐的第一趟地铁是5号线，去的第一个机场是首都机场，第一次出国就觉得国外没有中国好。这是这群年

轻人心态上一个特别重要的标签。

破圈后的弹幕

2019年9月，时值B站上市一年半。在第二季度财报公布后，B站CEO陈睿提出，2021年B站的目标月活用户数为2.2亿。此后接受“晚点LatePost”采访时，陈睿也谈到，未来一年或将降低50%的会员门槛，答题可能将成为非必要选项。不出所料，这一战略引起了B站用户对社区氛围的担忧和社区走向的争论。战略的背后，是陈睿对于B站外部生存环境的判断：“长期来看，中国低于100亿美元这个体量的内容平台都将被淘汰。”

一年之后，2020年第三季度财报发布，B站的月活用户数量同比增长54%，达到1.97亿，通过100道社区考试答题的正式会员数量同比增长了56%，达到9700万。

新老用户不同感知

没有人否认，B站和它的社区氛围在发生肉眼可见的变化，但新老用户看到的景象和持有的立场却截然不同。

跟随B站一路走来的老二次元用户，会对现在和过去的弹幕氛围有一个直观的感受，大都认为弹幕质量确实有所下降，比如过去的弹幕更百花齐放，而现在大家比较喜欢当“复读机”，更多是刷梗和发“233”（哈哈哈）之类的弹幕。

但新用户对这样的问题无感。Zoe自己并非二次元爱好者，正是品类拓展让她成了B站用户。她日常主要会看创意、搞笑类的原创视频，发弹幕也是随性地发一些“笑死我了”“必火”等，她认为这类视频主要在于消遣，发弹幕也就图个热闹。

兔纸认为，现在的弹幕氛围有好有坏。在非常垂直的领域里，只有某个圈子会看，大家都知道圈子的文化和梗，氛围就会比较和谐；而综合向的内容就不一定了。B 站直播功能出现后，在直播及一些拼盘类节目中，会出现比较极端的弹幕冲突。兔纸分享了之前 Bilibili World 直播时的一次糟心体验。

> 这个活动请了各个领域的人，包括二次元、B 站 UP 主、三次元明星，都放到一锅炖了。我是去看日本歌手 Aimer，掐好点进去，正好赶上另一个 UP 主的表演，很多弹幕都在刷“空降等看 Aimer”，这时有人出来说他们不礼貌，粉丝就说别刷了。
>
> 等到 Aimer 正式表演时，一堆人开始在弹幕里骂粉丝没素质，刷“Aimer 是谁根本不认识”，甚至对歌手进行人身攻击。当时明明唱的是一首非常宁静悲伤的歌，瞬间我就觉得心情特别不好，气氛都被毁了，很愤怒地屏蔽了弹幕。

弹幕争端的本质是圈层争端

2020 年 6 月，在 B 站 11 周年活动上，陈睿将 B 站的品类拓展概括为：从早期聚焦动画、漫画相关的品类，到后面的游戏，再到后面的音乐、舞蹈、科技，包括到后面的生活类的内容。过去一年，与科技、知识、财经、职场相关的很多新的内容，在 B 站逐步兴起。

现在的 B 站，力图成为对标国外 YouTube 的综合性网站。而兔纸认为，各种新圈子的人涌入，包括内娱韩娱等饭圈，加上想来做营销的“金主爸爸”，势必会带来不同文化的激烈碰撞。弹幕争端的本质是圈层争端和文化争端。

“我渐渐发现，B 站现在的做法是，尽力让大家在各自的圈子里安好，不要互相打扰。比如首页推荐会做得更加精准，官方微信发的也都是普适性强的内容。”

不过一些 UP 主认为，B 站没有一个特别大的舆论场，很快就分化到圈子中了，这一点跟微博正好相反。而且，矛盾也许没有想象的那么深。二次元和抽象文化之间曾经发生过一次比较大的冲突，那时候有大量所谓“快手视频”涌入，无条件维护 B 站的人被讽刺为“b 小将”。但这个事件已经淡去，这个称谓现在也很少被使用了。

至于那些看起来格格不入的土味视频，动动枪给出了很生动的评价：“你第一眼看觉得挺低俗的，看多了就觉得也还可以。我爸以前是个很正经，成天跟我聊时事、谈疫情的人，突然有天跟我来了一句‘来根华子（烟）’。人就是会被同化的啊，所以我觉得，矛盾没有想象的那么深。”

旧氛围的失落

破圈 = 改变筛选标准

破圈战略，意味着 B 站开始从垂直定位转向横向拓宽版图。这反映出另一个问题：一个具有明确定位的社区必然有天花板，B 站已到达原始的天花板。闫泽华给出了社区天花板的计算公式：“首先看社区的目标人群在总人口里的渗透率，这是大盘；再乘以一个你预计能触达的比例，比如 50% 就很高了，这就是社区业务的天花板。比如某文字社区的天花板，就是中国接受过高等教育并稍微愿意读文字的人，再乘以一个比例。”

天花板之下，社区拥有同质化的用户；突破天花板后，进入下一阶段，面临的问题就是异质化的碰撞和有限资源的竞争。“物理社区有容纳率，网络社区也类似。大家都在同一入口，资源需要分配，也很难做到完全不相互打扰。”

回顾前文，社区氛围是一种准入和筛选机制，它是服务于原始定位的。破圈，意味着放弃原始定位，这种筛选标准必然要主动或被动地改变或解除。闫泽华认为，这才是 B 站社区氛围被稀释的真正原因。

只有最底层的普适价值——比如不攻击不引战——不会因为品类扩张的变化而变化。但在圈子文化、默认规范等层面，原有的社区氛围已经不再普适。比如，现在很难要求所有人都能听懂黑话行话，或者都遵守不过度刷屏的做法。

维护旧氛围与商业逻辑相悖

草威在豆瓣经历过类似的冲击，他把这种现象描述为：“任何社群走向大众的过程，都是老用户不断失望的过程。”

针对原住民们对于“B 站没内味了”的失落和抱怨，Zoe 做了非常细致的拆解：“我觉得可以理解，还蛮符合人性。当你拥有一个认同度很高的团体，形成了鲜明的文化，外来人进来，本地人肯定反感；但它不实在，或者说它不致命。另外，这个抱怨到底合不合理？也不一定。为什么是第一批人来决定社区的走向？”

Zoe 认为，避免冲突不是 B 站的核心任务。“B 站的核心是把优质的内容分门别类地输送给不同用户。但它有没有一个职责，是去让喜欢黄色和喜欢绿色的人彼此喜欢？我觉得只要保证一些文明性的规则就够了，比如喜欢黄色和绿色的人，你们都不可以骂人，对吧？”

如果说纯粹是为了改善体验，我们或许可以放缓增长，减少变化中的摩擦与阵痛。但闫泽华认为，最大的问题是，一切用户体验都是有成本的。在商业利益驱动下，大家未必会做这样的选择，而会选择放弃与再平衡。“就像大城市的城市规划一样，我们是可以去做一些‘更合理’的顶层设计，比如有多少用于居住、商用，有多少是公园绿地、配套设施等，但它带来的一定不是中短期的经济利益最大化。当然，算法也可以做一些事情，比如针对不同用户群去做内容和互动区隔，减少直接碰撞。但是，区隔真的是合法合理的吗？就像社会新闻中发生的事那样，同一个小区，一边是商品房，一边是回迁房，中间隔了一堵墙，他们难道没有权利看到彼此的世界吗？”

内容社区的归途

不可能基业长青

压住增长，克制发展，正是B站和大多数内容社区的早期做法。但再往后，问题就会变得复杂，影响公司选择的角力因素会变得更多。闫泽华认为：“当你走上台前后，面临与其他玩家竞争，是不是真的能稳住阵脚，不被竞争挟裹，不被竞品挟裹，不出昏着，真的很难。今天的商业化社会里，不会给你一个慢慢滚雪球的空间。”

这解释了为什么即便定位是小众的产品，也不得不把自己变成“平庸”的大众，才能保障自己的生存。而原本的小众市场和需求，又悬在了半空中。

小众社区，同时也是一种身份标签。随着时代更迭，永远有新一代用户，需要使用与他们性格相符的产品来定义自己，满足调性鲜明的内容消费和社交需求。因而，即便是那些艰难地选择了不长大的社区，似乎也很难讨得新人欢喜，它们面临的是全新的小众挑战者。

动动枪把这种现象概括为："互联网有很多赛道，有的赛道是线性的，有的赛道是循环的。移动支付就是线性的代表，从刷卡到扫码到刷脸等，我们再也不会回到过去，而在我看来，内容社区产品永远不可能基业长青。"

在综合类 App 里"凑合"

人要消费信息内容，人和人需要连接，这件事不会变，而中心化会使整体效率更高。所以闫泽华相信，今天中国会有越来越多所谓综合类 App，很多需求在综合类 App 里都能得到满足。如果把综合类 App 比作几个城市的话，如果已经习惯在一个城市居住，即便这个城市有一个方面不太能够满足你的需求，大多数人也就凑合过了。

"贴吧是个难得的多品类社区，但那是在 PC 互联网时代，中心化分发，入口是浏览器＋搜索，所以百度才能建自己的贴吧体系，你搜足球就会到'足球'吧去。但今天，打开所有内容平台，里面一定都有足球的标签。只有极深度的用户会觉得，我在你这儿体验不够好，我要去垂类社区懂球帝看一看。对于大多数普通用户来说，没有那么强的需求和鉴别力，在哪看不是看？"

小而美的需求在付费墙之后

兔纸就是那群不甘于"凑合"的人之一。在她的描述下，如今，一部分老二次元对 B 站的态度发生了微妙的转变。

> 大家的确会觉得 B 站"没内味了"，觉得自己好像被抛弃了，

一直在迫害我们二次元。但同时，你不能否认B站提供了很多实打实的二次元服务，如果你想看这些内容，你只能在B站。一方面吐槽，另一方面你又离不开它。只是你可能不会在上面付出那么多感情了。

B站的11周年演讲，我印象比较深刻的是，B站会买越来越多的番剧，跟日本动画公司直接合作出品，还要支持国内动漫事业的发展。我在想，它会不会是骗三次元的钱，再去反哺二次元呢？

社区是一个依赖用户贡献的地方，一些用户贡献得多了，会感到自己是社区的主人。他们在早期帮助平台成长之后，也会影响到平台中后期的变现与扩张。闫泽华认为，这就是社区管理者需要去管理创作者预期的原因。但更主要的还是要认清：在商业行为里，小而美的东西是奢侈品，它应该出现在付费墙之后。只有让用户花钱养你，小而美的逻辑才成立。

"举个不恰当的例子，如果B站的老用户不满，那就一人出一块钱，去开辟个C站，相当于把社区的to B广告费变成了to C服务费，也能支撑社区在商业社会运转。

今天可以看到，小众的实体文创产品是能靠用户供养来生存的，但很多人依然认为，虚拟产品理应免费。所以，等到大家真的愿意为虚拟产品买单时，就是理想主义者的好时候。"

发现“星星的孩子”：AI 介入儿童自闭症诊断

自闭症（Autism）是一种发育障碍类疾病，往往在儿童成长早期出现并持续终生。1943 年，美国约翰斯·霍普金斯大学医学研究员莱奥·坎纳首次提出“自闭症”的概念，其医学名称为“自闭症谱系障碍”（Autism Spectrum Disorder，ASD）。

近年来，世界各国的自闭症患病率均显著上升，现状不容乐观。根据美国疾病控制与预防中心（CDC）在 2020 年 3 月公布的调研数据，美国每 54 名儿童中就有 1 名在 8 岁前确诊为 ASD，该比例比前一次统计数据提高了近 10 百分点。而在中国，保守估计，自闭症的整体患病比例也达到了 1%，《中国自闭症教育康复行业发展状况报告》显示，我国约有超过 1000 万的自闭症人群，0 到 14 岁的儿童患病者可能已经超过 200 万，新增确诊的自闭症患者人数正在以每年 20 万的速度增长。

自闭症儿童又被称为“星星的孩子”，因为他们往往像遥远夜空中的星星一样，一个人孤独地闪耀。典型的自闭症患者在认知功能、语言功能及社交互动等方面都存在着较为明显的缺陷。在国内，自闭症又被称为“孤独症”，这是一种更加浪漫化的表述，但无论是哪一种名称，背后其实都通向一个个饱受困扰的个体生命和家庭。

目前，业内的基本观点是，自闭症“病因不明，无药可医”，但早期干预是能够改善症状的重要方式。令人遗憾的是，很多普通家庭并没有早期筛查的意识，从而错过黄金干预时间，发育障碍造成的影响往往会伴随自闭症患者的一生。

难以抓住的黄金干预期

自闭症人群所遭遇的困难是普通人难以想象的。尽管文学影视作品经常把自闭症患者塑造为特立独行的天才形象，比如电影《雨人》中拥有惊人数学计算能力的雷蒙。但并非每个自闭症患者都如此幸运，他们中的大多数都没有特殊天赋，并且除了高功能自闭症患者，大多都智力低下，面临严重的社会化障碍。

如前文所述，就目前的医疗水平而言，自闭症还没有任何特效治疗方法，早期干预是已知能够改善症状的重要途径。大量研究表明，在综合征完全显现之前，进行早期干预可以降低 ASD 的严重程度，并且改善儿童的大脑和行为发育，发现年龄越早、干预介入越早，效果越明显。

美国新英格兰儿童中心（The New England Center for Children）的研究结果显示，每周 20 ～ 30 小时的一对一治疗，对 2 岁或以下儿童和 2.5 岁或以上儿童的影响存在惊人差距：在 2 岁或更小的阶段，90% 接受干预的幼儿在社交和沟通技巧方面都能取得显著进步，但在 2.5 岁或更大年龄接受干预的儿童中，这个比例只有 30%。可以说，对于自闭症儿童来说，黄金干预期的分水岭前前后后不过几个月，一旦错过，发育障碍造成的影响很可能会伴随患者终生。

尽管早期干预如此重要，但干预的前提是进行早期筛查并完成确诊，而很多自闭症儿童的症状往往难以被发现，因而延误了干预的介入。

根据统计，大多数自闭症儿童的父母都是在孩子出生 1 到 3 年后发现异常表现，但从美国的数据看，自闭症儿童的平均确诊年龄达到了 4.1 岁。在 3 ～ 4.1 岁的间隔期，儿童大脑功能的可塑性逐渐降低，因而会错过干预的黄金期。

父母对自闭症的了解有限，是很多患儿错过最佳干预时期的首要原因。美国疾病控制和预防中心的报告显示，美国有约 15% 的儿童患有不同程度的自闭症等发育障碍，但其中只有不到一半的儿童接受过早期筛查。由于自闭症儿童在 3 岁前没有明显特征，并且每一个患儿的病理表征都可能不同，因此，很多家长并不会往自闭症的方向联想，也不会想到主动筛查。比如，受经验所限，家长往往会觉得孩子说话晚是正常现象，但事实并非如此。每一个被延误诊疗的自闭症患者，其实都是整个社会淡薄的自闭症筛查意识的受害者。

即便父母意识到早期筛查的重要性，预约、候诊等一系列程序也会让整个过程变得漫长而复杂。与生理疾病不同，自闭症并无清晰的生理表征，因此不能通过"验血"等能产出明确结论的测试进行鉴别。为了解儿童的发育是否正常，通常需要数小时的行为检查，而这些检查必须由有资质、接受过专业培训的医务人员进行。不仅如此，有些智力发展严重落后的儿童和处于游离状态的儿童，还需要一定时间的随访和实时观察评估才能确诊。

在美国，自闭症检测并未被纳入医疗体系中的普通门诊（Primary Care），自闭症专科医疗人员数量又十分有限，儿童心理医生、发展行为专业的儿科医生只有约 1 万名，与儿童自闭症诊疗直接相关的医生更是少之又少，作为对比，自闭症患儿则达到了 150 万名。在国内，由于缺乏成熟的培养输送体系，专业的自闭症医疗机构和医疗人员也都非常匮乏，《中国自闭症教育康复行业发展状况报告》显示，国内专研自闭症的医生不超过 300 人。

医疗资源的分配不均，进一步延迟了部分自闭症儿童的诊疗。以美国为例，在怀俄明州和内华达州的乡村地区，自闭症诊疗资源与患者的平均距离在 80 公里以上，而在阿拉斯加州，这个距离甚至达到了 160 公里；与之相比，在新泽西州这样的城市地区，医疗资源与患者的地理距离则在 7 公里左右。在中国，一线城市具备更为完善的诊疗资源，尤其是深圳，部分医院对于自闭症的早期诊断水平与国际接轨，处于国内先进水平，但其他地区的诊断资源就显得十分稀缺。

在这种情况下，一个儿童自闭症患者求诊的排队等待时间非常长，往往要陷入短则几个月、长则几年的流程之中，干预手段的介入更被推迟。对于很多儿童患者来说，黄金干预期早就已经错过。

面对逐年增加的自闭症患病率和病儿数量（在 2004 年，约 160 个孩子里会出现一个自闭症患者，而到 2020 年，这个数字变成了约 54 个孩子里就会出现一个，患病率达到 1.85%），本就有限的筛查及诊疗资源无疑更加捉襟见肘。整体而言，诊断问题已经成为儿童自闭症患者所面临的最有代表性的长期性难题。

Cognoa：手机上的 AI 诊断医生

儿童自闭症患者所面临的窘境，是日益增长的患病数量与有限的诊疗资源之间的矛盾：如果不能及时确诊，也就无法及时接受干预治疗。这一结构性问题如果迟迟得不到解决，无数患病儿童的人生轨迹就不可避免地偏向悲剧的方向。

如何通过有效的方式，提升自闭症的早期筛查效率，避免悲剧的发生？

在智能技术迅速发展的今天，AI 或许能提供一种解决方案。

2019 年 7 月，《美国国家科学院院刊》发布的一篇论文指出，在诊断与筛查方面，借助 AI 测量瞳孔扩张情况或心率的自发波动情况，可以更早地诊断出自闭症、雷特综合征（又称 Rett 综合征，是一种严重影响儿童精神运动发育的疾病）或其他具有自闭症行为特征的神经发育障碍疾病。

同年 9 月，一篇发表于《柳叶刀》的数字健康论文也提及了 AI 诊断的积极性，论文称，AI 能像专业医生一样成功诊断疾病。伯明翰大学研究人员分析数据发现，AI 深度学习可以正确检测出 87% 病例的疾病，医疗专业人员的确诊率则为 86%。

AI 技术的不断成熟，为解决自闭症早期诊断的各种痛点，带来了更多可能性。

Cognoa 就是在 AI 自闭症诊断领域取得颇多建树的一家数字医疗公司。2013 年，Cognoa 创立于美国硅谷，致力于利用人工智能技术提升儿童健康行为问题的治疗效果，不但取得了多项研究进展，并且开发出具有商业化潜力的产品。

“今天，我们知道对于行为健康状况的早期和更准确的诊断，可以为儿童及其家庭创造一个不一样的结果，这是一个深远的、未得到满足的需求。”Cognoa 公司的联合创始人布伦特·沃恩（Brent Vaughan）曾在一份声明中如此表述。

在这种理念的指引之下，Cognoa 推出了全球首款将机器学习运用于儿童自闭症早期筛查检测的应用软件。这是第一款针对儿童自闭症的 AI 诊断决策支持系统，并于 2018 年被美国食品药品监督管理局（FDA）授予“突破性设备认定”（Breakthrough Device Designation），以及首个用于自闭症的Ⅱ类诊断医疗设备。

目前，Cognoa 自闭症诊断应用已经完成了关键试验，这项试验从 2019 年 7 月一直持续到 2020 年 5 月，是一项在全美 14 个地点进行的双盲临床试验，涉及 425 名年龄在 18 ～ 72 个月的儿童。这些儿童的父母或医生对他们的发育状况表示担忧，但从未接受过 ASD 评估。

在试验中，每个孩子都要接受两次评估：一次是使用 Cognoa 的应用，另一次是由专科医师基于 DSM–5 诊断标准进行的评估。通过两项结果的对比，衡量 Cognoa 的诊断能力。试验结果显示，Cognoa 应用对自闭症的诊断具有很高的敏感性和特异性，准确度达到 80%，即便是在远程使用的情形下依然能够保持准确度。在这一成果的基础上，2020 年底，Cognoa 公司通过 De novo 途径（对于没有合法上市对比产品的新型医疗器械开辟的申请通道）提交 FDA 申请，预计将在 2021 年下半年获得最终审批。

Cognoa 应用的使用流程非常简单。当家长或者儿科医生对孩子的情况表示担忧，或者当孩子未通过 ASD 筛查问卷时，儿科医生会给家长提供一串代码，以便他们能在手机上访问 Cognoa 的应用。进入应用程序后，家长首先需要填写孩子的基本信息，然后会被要求回答有关孩子行为方式的调查问卷，一般包含 15 ～ 20 个问题，最后系统会自动生成筛查报告，平均时长不超过 15 分钟。

完成上述步骤后，如果系统仍不能给出明确筛查结果，父母可以上传两段孩子的日常生活录像（1 ～ 2 分钟）。视频片段将被发送给专业儿科医生，在他们对其进行审核之后，再回答相关的问题。这些答案将连同家长填写的答案一起被提供给机器学习引擎。最终，AI 会生成评估结果，并发送给家长。

Cognoa 的应用看似简单，但背后实际上是具有自我学习能力的 AI。通过对包括美国国家卫生研究院资助的“国家自闭症研究数据库”等权威自闭症资料库的学习和分析，Cognoa 应用总结出与自闭症关联的行为规则。目前，Cognoa 能够确诊的患者的最小年龄为 18 个月，这与家长最早意识到孩子行为异常的时间段重合，从而为潜在的自闭症患儿争取到更多的治疗机会。

借 AI 之力：Cognoa 的创新之举

综合来看，Cognoa 的自闭症筛查应用有许多优势。

对于自闭症儿童及他们的家庭来说，这款应用能够让自闭症的诊断资源变得更加易得，大部分操作都可以在手机端完成，方便家长在发现孩子有相关症状时主动、及时地进行评估，最大限度减少诊断的等待时间。

而对医生和医疗机构来说，机器学习系统的诊断结果，可以辅助医生做出更加准确的医疗决策，降低由行为健康问题的复杂性导致的诊断难度，提升诊断效率。

除此之外，Cognoa 最大的创新性则是利用 AI 弥补人工筛查的缺陷。Cognoa 提供的筛查方案是前沿的，其背后的深度学习算法由哈佛大学和斯坦福大学的医学 AI 提供技术支撑。整套测试的理论依据则源于创始人丹尼斯·沃尔（Dennis Wall）博士超过 5 年时间的临床研究。在此期间，他们的团队对超过 10 万名自闭症儿童的患病情况进行了跟踪。

临床研究中产生的信息汇总成庞大的数据库，Cognoa 通过机器算法对海量的医疗数据进行学习，从而训练出一套独特的算法。当使用者在 App 中输入儿童的行为信息，系统会根据已经建立的算法区分出 ASD 诊断的核心特征，包括社交和情感特征，例如对他人微笑的回应、对物体的共同关注、创造力及想象力等，并得出相应的筛查结论。伴随着 Cognoa 用户量的不断增加，数据库还在不断完善之中。自 2013 年末成立以来，Cognoa 已经与美国本土的儿童医院、二级保健中心合作多项双盲平行对照研究。除了这些研究数据外，还有超过 25 万家长协助提供数据信息。

同样，AI 也能够弥补许多人工诊断的既有缺陷或不足。Cognoa 联合创始人大卫·哈贝尔（David Happel）指出，该应用的算法是根据数百个不同性别、种族的实际案例的数据进行训练的："事实证明，它不仅可以加快诊断时间，而且可以消除当前系统固有的许多偏差。"

在此之前，专业医师在进行自闭症诊断时，往往具有极强的主观性和经验性，诊断的精准程度也就有赖于医师的个人经验与水平，但面对自闭谱系障碍的复杂症状，主观性的诊断往往会出现误差。北京市自闭症儿童康复协会培训部主任郭延庆副教授指出："大多数儿童是靠专家临床印象诊断的，专家临床印象的真实度取决于他 / 她阅历过的真实孤独症儿童的数目。见过的越少，临床印象越偏隘，越容易漏诊和误诊。"

与此同时，虽然我们常常把自闭症儿童当作一个群体来看待，但是这个群体的同质化程度很低。比如，有研究指出，男孩和女孩的自闭症症状就有所不同，后者往往更为隐蔽，也正因如此，自闭症女孩被确诊的时间平均会比男孩晚 1.5 年。面对这些复杂症状，仅凭医疗人员的主观判断难免会出现疏漏。

而这些问题都将随着 AI 的引入而得到缓解。"大米和小米"公司的联合创始人喻尘指出，就中国的情况而言，自闭症人群特别庞大，但同时又面临着专业人力不足的现状，所以只能寻求技术上的突破。利用大数据和机器识别，无疑能够快速识别自闭症患者，方便、经济的同时，能够大大提升效率。

一条困难但十分光明的路

Cognoa 最早采用免费策略，家长在应用商店下载后即可免费使用，这为它带来了巨大的用户流量。但从 2017 年 5 月开始，Cognoa 迈进 B 端市场，和硅谷地区多家大型科技公司合作，成为员工医疗福利的一部分，用户只能通过雇主提供的医疗福利使用。目前，Cognoa 的官网及 App 均已停止个人用户的注册。

随着自闭症的筛查逐渐走向成熟的商业模式，依靠创始人丹尼斯·沃尔在儿科领域多年的科研经验，Cognoa 还将提供其他项目的儿童发育障碍筛查。目前，Cognoa 的产品也已经覆盖自闭症后续的治疗环节，为自闭症儿童的治疗提供个性化建议和诊疗测试。除此之外，Cognoa 也致力于为语言障碍、注意力缺失多动障碍（ADHD）、焦虑症等儿童行为健康问题提供诊断和治疗产品。

Cognoa 的成功案例，显示了 AI 给医疗技术带来深刻的变化，这也是医学创新和改革的强大动力。但是，尽管充满着希望和美好愿景，但这条路仍然面临着很多难题。

也有用户怀疑，为何短短的 15 道问题加上视频就可以确诊一个孩子是否有自闭症？而 80% 的准确诊断率，也就意味着 20% 的病人无法被准确诊断，这也让用户产生担忧，毕竟在这种关键测试中，一丝一毫的偏差都可能关系到自闭症患儿的一生。另外，由于 AI 本身的不透明性和歧视等问题，在诊断时亦会产生数据偏差。比如说在性别和种族方面，AI 的数据集训练机制决定了在一个种族收集的数据集，不一定甚至完全不能应用于另一个种族的自闭症患儿。由于算法黑箱的存在，也不能够预测及修正诊断过程中的偏差。

同样，有一些观点认为，影像检查只能用来排除其他疾病的可能性，要确诊自闭症只能通过医生的临床判断。虽然 AI 能够提供诊断结果，但在整个诊断流程中所扮演的角色依旧是辅助性的，并不具备关键的决策意义。最终真正能够做出决策的，还是一位位专业医务人员。这也是 AI 儿童自闭症诊断的关键问题所在，换句话说，虽然 Cognoa 提高了诊断效率，但这套系统究竟能在多大程度上筛查自闭症，还需时间的检验。

在 AI 诊断儿童自闭症这条道路上，Cognoa 并非首创，许多同行者也都看到了 AI 在这一领域的极大潜力。

2017 年 2 月，北卡罗来纳大学教堂山分校的精神病学家希瑟·黑兹莱特（Heather Hazlett）带领团队对 106 名有家族史的高风险儿童和 42 名低风险儿童的大脑做了磁共振检查，并用机器学习对这些医疗数据进行学习，从而搭建出一套自闭症的筛查算法，可以在儿童 12 个月大的时候预测他们是否会患上自闭症。

同样有许多公司专注于搭建自闭症数据库和 AI 分析工具。如谷歌就曾和著名的科研机构“自闭症之声”（Autism Speaks）合作，收集来自世界各地 1 万余名儿童及其家长的全基因组并进行测序，由此建立的自闭症基因数据库向世界各地的研究机构开放。

不仅仅是筛查和诊断，AI 驱动的自闭症康复治疗方案也为自闭症患者的社会融入带来新的可能。众多研究指出，自闭症儿童更容易适应电子设备提供的人工信息环境，经由人工智能等技术支持的训练手段会提升他们的参与度和愉悦感，被应用于帮助自闭症儿童练习声音模仿，学习词汇与提高阅读技能，加强面孔与情绪识别能力，提升社会参与和空间规划等技能。

麻省理工学院、美国杨百翰大学（BYU）等学校的研究团队都纷纷推出了陪伴机器人，前者旨在解决自闭症患儿识别常人的面部表情和情绪方面的困难，而后者推出的 Benni 机器人主要用于补充自闭症儿童的治疗。

国内自闭症领域的干预治疗起步较晚，但目前也取得了一定进展，在提升认知、提前预防、早期筛查、干预治疗等方面皆有成果。国内孤独症儿童早期干预机构“大米和小米”的联合创始人喻尘指出，比起欧美等发达国家的自闭症诊疗市场，中国对自闭症的认知、干预和诊断都起步比较晚，但优势在于对技术的应用研发进展快，接受程度高，所以 AI 在自闭症诊疗领域的应用可能会取得很好的效果，特别是在缺乏医疗资源和专业干预机构的地区，未来将能够起到很大的辅助作用。

国家对自闭症的重视程度也越来越高。比如在 2020 年 12 月 23 日，国家卫生健康委疾病预防控制局发布消息，将开展对抑郁症、焦虑、失眠、老年痴呆、自闭症等疾病的监测，同时探索社区综合干预模式。

不过，从整体来看，我国在自闭症筛查、诊疗领域依然存在很大的技术、人才、资源缺口。这是一项庞大的工程，涉及社会生活的方方面面，既需要政府的政策支持和经费投入，也需要倡导大众提高对自闭症的正确认识、理解和接纳程度，同样，需要加大技术研发力量，也需要医疗机构探索适宜的服务模式和方法，提高为自闭症患儿服务的水平……

这注定是一条行走艰难但充满光明的路，要帮助这些“星星的孩子”，除了技术的力量，仍然还有许多路要走。

03
机制：构建数字时代科技责任

疫情终将过去，科技行业在这场抗疫过程中和社会各方一起，贡献了创新和智慧。当从极限考验回归到社会常态，我们需要通过相应的机制沉淀过往的创新，从而更好地应对未来的挑战。对科技行业而言，构建面向数字时代的科技责任机制成为重要选项。

在本章，我们聚焦人工智能技术及其相关的伦理机制建设。当下，以人工智能为代表的新一代信息技术正在加速应用，自动化与智能化成为趋势，物理世界与数字世界的融合加快，人类与技术正在从协作走向共生。作为数字时代最有代表性的前沿技术，人工智能也是伦理争议最为集中的领域之一。

事实上，在人工智能技术真正应用之前，像《黑客帝国》《终结者》《黑镜》《西部世界》等科幻影视作品不断通过艺术手法和文学想象勾勒着人们对于未来智能及其相关伦理问题的思考。

如果说，影视作品中机器人统治世界这类强人工智能问题还属于“远虑”，那么人工智能在人脸识别、自动驾驶、智慧教育等领域的应用，已经引发了一系列亟须关注和解决的“近忧”。面对新技术的发展，我们既要保持乐观，也要思考新一代科技创新应该遵循怎样的伦理规范和机制，才能更好地服务用户、提升社会整体福祉。

我们将梳理国际组织、不同国家和地区、科技行业和公众对人工智能伦理的关切，以探讨数字时代各方如何建立信任，共生共融。

数字时代的科技责任挑战与应对

人工智能伦理风险引发各方关注

数据安全挑战

数据安全一直是信息时代的最大挑战和构建信任的基础，但从 2018 年以来，不断发生的数据泄露案例，让人们越发担忧信息时代的数据安全。在数字时代，训练算法需要海量的数据，大规模数据的可得性也在提高，数据保护这一经典问题的紧迫性和重要性更加凸显。

但数据问题的复杂性在于，它不仅是一个技术问题，还涉及多方权利与诉求的平衡。正如腾讯研究院资深专家王融所言：围绕数据议题的讨论存在多元视角，个人视角关注数据权利的保护，产业视角关注竞争、创新、发展，而国家视角关注国家数据安全和在全球的数字竞争力，这三个视角之间紧密互联，彼此互动。[①]

当数据成为数字时代关键生产要素的时候，我们还需要从源头上去理清关于数据的基本认知，并在一些关键问题上达成共识。如何平衡数字经济发

① 王融．数据治理，如何避免走入零和陷阱？[EB/OL]. (2019-02-13) [2021-02-01]. https://www.tisi.org/?p=13110.

展同个人数据权利之间的关系，成为摆在全球政策制定者、产学研各界人士面前的共同课题。

算法偏见

前文已经提及，算法偏见是人工智能领域另外一个经常被提及的挑战。微软在推特（Twitter）上发布的对话机器人 Tay，就暴露了这个问题。作为一款面向美国 18 ～ 24 岁青年人的对话机器人产品，Tay 可以和任何 @ 她的推特用户聊天，在对话过程中被训练得更加“聪明”。但这款基于人工智能的机器人在部分用户的刺激下发表了大量不当言论，包含脏话、种族歧视、性别歧视等，所以在上线后 24 小时内被迫下线。[①] Tay 的“成长”过程，让人们看到了人工智能在应用中可能会出现的偏见。

此外，人工智能技术的决策过程并不透明，决策结果可能对部分群体带有偏见。近期，美国国家标准与技术研究院（NIST）等研究机构陆续发布研究成果，探究人脸识别算法针对不同种族、性别、年龄的群体是否有差异。NIST 在检查了由 99 家公司、学术机构和其他开发人员自愿提交的 189 种算法后发现，在一对一匹配中，相较于白人，亚裔和非裔的人脸识别错误率要高 10 ～ 100 倍。此外，老年人和儿童的人脸识别错误率高于中年人，女性的人脸识别错误率高于男性。[②]

针对人脸识别偏见问题，英国皇家国际事务研究所的伊丽莎白 · 艾塞莱

① Hunt.Tay, Microsoft's AIchatbot, gets a crash course in racism from Twitter [N/OL]. (2016-03-24) [2021-02-01]. https://www.theguardian.com/technology/2016/mar/24/tay-microsofts-ai-chatbot-gets-a-crash-course-in-racism-from-twitter.

② National Institute of Standardsand Technology. NIST Study Evaluates Effects of Race, Age, Sex on FaceRecognition Software [EB/OL]. (2019-12-19) [2021-02-01]. https://www.nist.gov/news-events/news/2019/12/nist-study-evaluates-effects-race-age-sex-face-recognition-software.

认为，仅靠纯粹的技术手段，很难实现对人工智能每个阶段的无漏洞监控，还需通过人工评估和干预，才能确保偏见和歧视被彻底消除。[①]

人脸识别越来越广泛地应用在出行、金融、安防等场景中，针对不同群体识别错误率的差异将给部分群体带来诸多不便，甚至侵害其合法权益和人格尊严。人工智能偏见并不是个别产品的问题，而是基于算法的自动化系统需要面临的共性问题。

道德选择困境

人工智能在自动驾驶中的应用，给经典伦理学议题“电车难题”提供了新的表现形式。在自动驾驶汽车的发展历程中，人工智能系统在驾驶事故中的道德选择始终是各方关注的焦点。为了探索自动驾驶汽车面临的道德困境，麻省理工学院部署了在线实验平台——“道德机器”（Moral Machine）。

“道德机器”是一款多语言的在线“严肃游戏”，用于在全世界范围内收集数据，了解公民希望自动驾驶汽车在不可避免的事故情况下如何解决道德难题。实验收集了来自 233 个国家和地区的数百万人用 10 种语言做出的 4000 万项决定。结果显示，参与者呈现出 3 种十分强烈的偏好，分别为：保护人类而不是保护动物，保护更多的生命，保护年轻的生命。[②] 值得注意的是，这项“严肃游戏”的参与者大多是善于使用网络和对科技感兴趣的人，并不具有人口学意义上的代表性，基于此的研究结果不能为自动驾驶的道德选择问题提供定论。

---

① 伊丽莎白·艾塞莱．人工智能该如何远离偏见与歧视 [EB/OL]. (2018-10-15) [2021-02-01]. http://www.xinhuanet.com/world/2018-10/15/c_129971123.htm.

② 丁洪然．MIT 道德机器实验：当事故不可避免，自动驾驶汽车该怎么选 [EB/OL]. (2018-12-12) [2021-02-01]. https://www.thepaper.cn/newsDetail_forward_2723623.

美国认知科学哲学家科林·艾伦（Colin Allen）和技术伦理专家温德尔·瓦拉赫（Wendell Wallach）在《道德机器：如何让机器人明辨是非》一书中介绍了两种使道德机器展现道德决策能力的方法，即“自上而下”和“自下而上”两种设计思路。前者指的是设定一套可以转化为算法的伦理规则，用它来指导设计执行规则的子系统；后者指的是不预先给定伦理规则，而是创造环境让机器人自主地探索学习，当其做出道德上良好的行为，就给予积极反馈使之得到强化。然而，这两种路径都存在一些问题。前者无论采取何种道德原则，都会遇到具体规则如何与首要原则自洽、计算复杂难以落实等问题；采用后者则会面临当环境变化时如何适应、难以确定机器人是否会产生复杂的道德判断能力等问题。[①]

自动驾驶事故中的道德选择只是人工智能系统可能面临的道德选择中的一个案例。如何设计人工智能系统应当遵守的伦理原则或者让人工智能系统自主学习伦理原则，都是需要进一步探索的课题。

就业冲击

人工智能的应用在提升生产效率的同时是否会对就业市场造成冲击？市场调研公司牛津经济（Oxford Economics）的研究显示，到2030年，全球有大约2000万个制造业工作岗位将消失，这些工作岗位的任务将由自动化系统承担。技术含量较低、重复性较高的工作被取代的风险较高。这类可取代性较高的就业岗位通常集中在经济较落后、劳工技术水平较低的地区，人们再就

① 李颖娜．制造“道德机器人”的远虑与近忧——评《道德机器：如何让机器人明辨是非》[J]. 科技导报，2018(4): 101-102.

业的难度也较高。[①]

经济学家卡尔·贝内迪克特·弗雷（Carl Benedikt Frey）认为，自动化趋势在短期内会降低工人工资，但长期来看，技术进步最终会通过提高生产力来促进社会繁荣。因此，弗雷指出，为了确保工人们对长期科技发展的支持，政府就必须介入，去推行相关政策，去为工人们赋权，以增加他们在劳动力市场上的竞争力。[②]

其实，自从工业时代以来，人们对机器取代人的担忧就从未停止。要应对人工智能对就业带来的挑战，盲目的悲观或者乐观都不可取，需要从系统层面思考人工智能和人类之间的关系。

数字时代呼唤新的科技伦理机制

人工智能所面临的伦理问题，既有旧问题在新技术上的投射，如数据泄露、道德选择；也有人工智能技术所特有的挑战，如算法黑箱、技术责任化。从数据泄露、人工智能偏见、道德困境到就业冲击，人工智能所引发的伦理议题的广度和深度超越了以往，数字时代的科技伦理需要建立与其特点相匹配的机制。

回顾过往的科技发展，科学家群体往往是制定科技伦理的主体。但人工智能等新技术所引发的伦理问题，难以通过学术共同体的约束来解决。在数字时代，一方面，前沿科技创新加速，往往会出现应用领先于规则的情况；另一方面，前沿技术作为一种基础能力，其通过技术平台输出，潜在使用者

① 英伦网．机器人如何“抢走2000万工人的饭碗”[EB/OL]. (2019-06-27) [2021-02-01]. https://www.bbc.com/ukchina/simp/48787306.

② Carl Benedikt Frey. The Technology Trap: Capital, Labor, and Power in the Age of Automation[M]. London: Princeton University Press, 2019.

范围大大拓宽。因此，科技伦理的覆盖范围也从之前的前沿研究者、平台应用者，延伸到了更为广泛的开发者乃至社会公众。

数字时代的科技伦理机制建设面临着技术变化快、涉及面广、责任主体复杂等多重难题，需要包括政府、学界、企业、社会等多方参与，共同探索系统性、制度化的解决方案。

人工智能伦理制度建设多方探索

针对人工智能引发的伦理问题，各国已在细分领域持续推进立法和标准制定工作。以算法偏见为例，全球多国已开始探索算法影响评估机制。

2019 年 2 月 5 日，加拿大出台了《自动化决策指令》，将算法监管的重心放在了政府部门，该文件针对政府部门行政行为中使用的自动化决策系统，提出了算法影响评估、透明度（例如决策前通知、决策后提供解释、软件准入许可、公布源代码等）、质量保证（如测试和监测结果、数据质量、同行审查、员工培训、意外事故处置、安全、合规、人类干预等）、救济、报告等要求。

2019 年 4 月，美国国会议员提出的《算法责任法案》则要求针对符合条件的主体的高风险自动化决策系统，建立自动化决策系统影响评估机制，评估自动化决策系统及其开发过程（包括系统的设计和训练数据），以评估其在准确性、公平、偏见、歧视、隐私、安全等方面的影响。然而在现阶段，算法影响评估机制在全球范围内存在巨大争议，仍有很多落地问题悬而未决。[①]

当前，各方在应对人工智能伦理问题时，遇到了多重挑战。

① 曹建峰 . 2019 年全球人工智能治理报告：从科技中心主义到科技人文协作 [EB/OL]. (2020-02-08) [2021-02-01]. https://zhuanlan.zhihu.com/p/105784343.

一是平衡创新和监管之间的关系。在人工智能伦理问题中，技术创新、产业发展同伦理和监管制度建设之间存在明显的张力。例如，欧盟在人工智能相关的数据保护、伦理机制建设上的要求十分严格。一方面，严格的要求有利于确保人工智能发展以人为本；另一方面，一些不具有可执行性的理想化举措，也给技术创新和产业发展带来了不利的影响。

二是机制落地的问题。在应对算法偏见问题时，要审查人工智能系统是否存在潜在的可导致偏见的因素，需要打开“算法黑箱”。然而，人工智能算法涉及企业的商业秘密和知识产权，在推进算法透明和开源的过程中存在很多阻力。此外，简单公开算法系统的源代码也不能提供有效的透明度，反而可能威胁数据隐私或影响技术安全应用。

为应对这些痛点问题，国际组织、国家和行业等多元主体正结合自身的优势和特点，不断探索更为完善的人工智能伦理制度，推进行业内人工智能伦理机制建设，加强伦理机制建设中的国际合作。

多元主体共建人工智能伦理制度

中美欧采取不同的治理路径，强调平衡创新与伦理问题

欧盟：强调基本人权，致力于成为人工智能伦理全球标准制定者

欧盟在人工智能伦理方面率先开始探索，也显示出最严的监管态度。欧盟在互联网等数字技术领域发展薄弱，显著落后于美国。在人工智能伦理制度方面，欧盟致力于通过强监管模式成为“全球标准的制定者”。

欧洲议会智库研究报告指出：“欧盟可以成为人工智能伦理领域的全球标准制定者。欧盟就人工智能道德方面采取共同的立法行动可以促进欧洲内部市场，并建立重要的战略优势。”此外，报告认为一个共同的欧盟道德框架有可能在2030年前为欧盟带来2949亿欧元的额外GDP和460万个就业机会。[①] 然而，欧盟对立法和监管的强调能否最终转化为其在人工智能技术、产业上的国际竞争力，依然存在争议。

近年来，欧盟对人脸识别等技术的态度已经有所缓和，但在人工智能监管上依然强调高风险系统需要遵守严格的强制性要求。欧盟出台的《通用数

---

① Evas. European framework on ethical aspects of artificial intelligence, robotics and related technologies [EB/OL]. (2020-09-28) [2021-02-01]. https://www.europarl.europa.eu/thinktank/en/document.html?reference=EPRS_STU(2020)654179.

据保护条例》被称为“史上最严个人数据保护条例”。在人工智能伦理制度方面，欧洲坚持以人为本的原则，并致力于推进建立适当的伦理和法律框架。2019 年，欧盟先后发布了两份重要文件——《可信 AI 伦理指南》和《算法责任与透明治理框架》，系欧盟人工智能战略提出的“建立适当的伦理和法律框架”方向下的重要成果，为后续相关规则的制定提供了重要参考。

2020 年 2 月，欧盟发布《人工智能白皮书》和《欧盟数据战略》，体现出欧盟在数字经济领域的政策新动向。《人工智能白皮书》的出台，意味着欧盟的人工智能政策将转向投资和监管并举的思路，即一方面将持续加强对芯片、算法、量子计算等技术和产业的投资，另一方面将通过建立监管框架来防范自动化决策不透明、算法歧视、隐私侵犯、犯罪行为等人工智能应用相关风险。白皮书提出针对人工智能建立新的监管框架，使各种风险和潜在损害最小化，同时避免过度监管。

美国：强调美国优先，维护人工智能产业领导地位

与欧盟不同，美国采取了轻监管、促创新的路径，强调政策不阻碍人工智能技术和产业发展、降低创新的门槛和成本，并在发展过程中采取渐进式监管策略，来应对新出现的问题。①

2019 年，特朗普政府发布了美国人工智能国家战略文件，即《维持美国人工智能领导力的行政命令》（下简称《命令》）。《命令》强调，“继续保持美国在人工智能方面的领导地位对于维护美国的经济和国家安全至关重要”。《命令》提出，为保证美国在人工智能领域的领导地位，应重点关注

① 曹建峰 . 2019 年全球人工智能治理报告：从科技中心主义到科技人文协作 [EB/OL]. (2020-02-08)[2021-02-01]. https://zhuanlan.zhihu.com/p/105784343.

五大领域：人工智能研究与开发、释放人工智能资源、制定人工智能治理标准、培训与人工智能相适应的劳动力、促进人工智能国际合作。

整体来看，美国人工智能战略强调加大人工智能研发投入、移除产业发展障碍，以维护美国国家竞争力和保护国家安全。在人工智能伦理方面，美国开始在人工智能治理标准制定和国际合作方面布局。《命令》指出，美国联邦机构将通过建立跨不同类型的技术和工业领域的人工智能开发和使用指南，建立公众对人工智能系统的信任。该指南将帮助联邦监管机构开发和维护用于安全可靠地创建和采用新人工智能技术的方法。

该计划还要求美国国家标准与技术研究院（NIST）牵头制定适用于可靠、稳健、可信赖、安全、可移植且可互操作的AI系统的技术标准。《命令》发布一年后，美国白宫于2020年2月发布了《美国人工智能计划：第一年年度报告》（下简称《报告》）。《报告》指出，在人工智能伦理制度建设方面，美国领导制定了有关人工智能原则的首份国际声明，即《政府间人工智能推荐性原则和建议》。

此外，美国政府在2020年初发布了《人工智能应用监管指南》（下简称《指南》），意在为联邦政府对人工智能发展应用采取监管和非监管措施提供指引。《指南》提出了十大监管原则，涵盖公众对人工智能的信任、公众参与、科研操守和信息质量、风险评估与管理、成本效益分析、灵活性、公平无歧视、披露与透明度、安全可靠、联邦机构间协调等层面。

《指南》呼吁更多采取不具有法律强制性的非监管措施，如行业细分的政策指南或框架、试点项目和试验（如为人工智能应用提供安全港）、自愿性的行业标准等非监管措施。因此，可以预见，相比推行强硬立法和监管，美国的人工智能政策会更加侧重标准、指南等敏捷灵活的方式。[①]

中国：强调包容协作，抢抓人工智能发展战略机遇

中国已发布首个国家级的人工智能战略——《新一代人工智能发展规划》（下简称《规划》）。在《规划》中，中国对人工智能发展进行了战略性部署，确立了“三步走”目标：第一步，到2020年，人工智能总体技术和应用与世界先进水平同步；第二步，到2025年，人工智能基础理论实现重大突破、技术与应用部分达到世界领先水平；第三步，到2030年，人工智能理论、技术与应用总体达到世界领先水平，成为世界主要人工智能创新中心。

值得注意的是，在这份人工智能战略规划中，中国不仅对人工智能产业发展进行了布局，也强调了人工智能相关的伦理问题的重要性，并从三个方面提出应对方案。

首先，《规划》指出人工智能具有双重属性特征，即技术属性和社会属性高度融合的特征。因此，“既要加强人工智能研发和应用力度，最大限度地发挥人工智能潜力；又要预判人工智能的挑战，协调产业政策、创新政策与社会政策，实现激励发展与合理规制的协调，最大限度防范风险”。

这体现出中国对人工智能技术潜在的“颠覆性”的认知，在大力发展人工智能创新体系的同时，高度重视人工智能可能带来的改变就业结构、冲击法律与社会伦理、侵犯个人隐私、挑战国际关系准则等问题。

其次，针对人工智能发展可能带来的就业、伦理、安全等方面的挑战，《规划》从三个方面提出了解决方案。一是加强法规政策研究。围绕人工智能发

① 曹建峰．2019年全球人工智能治理报告：从科技中心主义到科技人文协 [EB/OL]. (2020-02-08) [2021-02-01]. https://zhuanlan.zhihu.com/p/105784343.

展可能遇到的法律法规问题进行超前研究，未来将重点针对自动驾驶、服务机器人等应用前景广阔的领域，加快研究制定安全管理条例，为新技术的快速应用奠定法律基础。

二是加强安全监管和评估。建立人工智能监管体系，促进人工智能行业和企业自律，切实加强对数据滥用、侵犯个人隐私、违背道德伦理等行为的管理，加强人工智能产品和系统评估。

三是完善教育培训和社会保障体系。建立适应智能经济和智能社会需要的终身学习和就业培训体系，大幅提升就业人员专业技能。完善适应人工智能的教育、医疗、保险、社会救助等政策体系，有效应对人工智能带来的社会问题。①

在人工智能伦理机制建设方面，中国强调发展和治理问题之间的平衡。国务院副总理刘鹤出席第二届中国国际智能产业博览会时强调："发展智能产业要坚持增进人类福祉导向，坚持提高效率与创造就业的平衡，坚持尊重和保护个人隐私，坚持维护伦理道德底线。"②

2019年，中国发布了《新一代人工智能治理原则——发展负责任的人工智能》（下简称《治理原则》），提出了人工智能治理的框架和行动指南，回应了国际社会关切，对国内企业发展提供了指引。《治理原则》旨在更好地协调人工智能发展与治理的关系，确保人工智能安全可控可靠，推动经济、社会及生态可持续发展。

---

① 陈芳，余晓洁，胡喆．构筑人工智能先发优势 把握新一轮科技革命战略主动 [EB/OL]. (2017-07-21) [2021-02-01]. http://www.gov.cn/zhengce/2017-07/21/content_5212404.htm.

② 新华社．刘鹤出席第二届中国国际智能产业博览会开幕式时强调把握科技发展新机遇，推动智能产业健康发展 [EB/OL]. (2019-08-26) [2021-02-01]. https://baijiahao.baidu.com/s?id=1642938570704835835&wfr=spider&for=pc.

《治理原则》突出了发展负责任的人工智能这一主题，强调了和谐友好、公平公正、包容共享、尊重隐私、安全可控、共担责任、开放协作、敏捷治理等八条原则。中国国家新一代人工智能治理专业委员会主任、清华大学苏世民书院院长薛澜认为，“敏捷治理”原则是中国首先明确采用的，强调针对人工智能的政策反应速度要快，但是政策的作用强度要轻，不至于对其发展产生阻碍。[①]

此外，中国的《治理原则》对包容共享的强调在全球范围内具有创新意义。《治理原则》要求：“人工智能应促进绿色发展，符合环境友好、资源节约的要求；应促进协调发展，推动各行各业转型升级，缩小区域差距；应促进包容发展，加强人工智能教育及科普，提升弱势群体适应性，努力消除数字鸿沟；应促进共享发展，避免数据与平台垄断，鼓励开放有序竞争。”对包容共享的要求体现出中国对于环境保护、弱势群体赋能及减少区域差异的关注，期望通过人工智能这一类使能技术解决社会发展中的突出问题。

国际社会推动人工智能伦理对话，达成原则性共识

以联合国为代表的多个国际组织高度重视人工智能伦理问题，积极推进人工智能伦理制度中的对话机制和国际合作。联合国教科文组织总干事奥黛丽·阿祖莱（Audrey Azoulay）指出：“人工智能是人类的新前沿。一旦跨越了这个界限，人工智能将导致人类文明的新形式……我们必须确保它是在价值和人权的基础上通过人本主义方法发展起来的。”奥黛丽·阿祖莱也指出了人工智能所带来的巨大机遇——“人工智能可以为实现联合国在《2030年

① 王秋蓉，于志宏．发展负责任的人工智能——访清华大学文科资深教授、清华大学苏世民书院院长薛澜[J]．可持续发展经济导刊，2019(7): 13-18.

可持续发展议程》中设定的可持续发展目标（SDG）开辟巨大机遇。它的应用可以实现创新的解决方案，改进风险评估，使更好的计划和更快的知识共享成为可能。”①

联合国系统的多个专业组织从人工智能教育、机器人伦理等多个方面推进国际人工智能伦理机制的建设。联合国下属的科学知识和科技伦理世界委员会发布了《机器人伦理初步报告草案》，提出不仅要让机器人尊重人类社会的伦理规范，而且需要将伦理准则编写进机器人中。联合国下属的国际电信联盟协同世界卫生组织、世界银行等 37 个国际机构联合设立了“AI 向善国际峰会”（AI for Good Global Summit），每年举办一次，是联合国开展人工智能包容性对话的首要平台。

此外，联合国教科文组织正式发布《北京共识——人工智能与教育》，这是联合国教科文组织首个为利用人工智能技术实现 2030 年教育议程提供指导和建议的重要文件。2020 年 8 月，联合国教科文组织于线上召开特设专家组第二次会议，修订关于人工智能发展和应用伦理问题的全球建议书草案文本，并向全球的组织和个人征集建议。

经济合作与发展组织（OECD）等国家间组织也加强了关于人工智能指导政策的合作。2019 年 5 月，美国与其他 35 个经济合作与发展组织成员国及 6 个非成员国（阿根廷、巴西、哥伦比亚、哥斯达黎加、秘鲁和罗马尼亚）联合签署了首个政府间人工智能政策指导方针——《政府间人工智能推荐性原则和建议》，意在增进与人工智能的公开对话，呼吁发展可持续的、负责任的人工智能。

---

① Azoulay. Towards an Ethics of Artificial Intelligence [EB/OL]. [2021-02-01]. https://www.un.org/en/chronicle/article/towards-ethics-artificial-intelligence.

其中，原则包括包容性增长、可持续发展和福祉原则，以人为本的价值观和公平原则，透明性和可解释性原则，稳健性和安全可靠原则，以及责任原则等。这些原则已被 G20 采纳，今后有望成为人工智能领域的国际准则。国际层面的人工智能治理已进入实质性阶段，初步确立了以人为本、安全可信、创新发展、包容普惠等基调，以及敏捷灵活的治理理念。①

科技行业日益重视人工智能伦理，积极探索落地机制

在业内，电气电子工程师学会（IEEE）已在推进制定人工智能伦理标准（即 IEEEP 7000 系列标准，见表 3-1）和认证框架，其发布的人工智能白皮书《合乎伦理的设计》（Ethically Aligned Design）提出了八项基本原则来确保自主和智能系统以人为本，并服务于人类价值和伦理准则。行业内的组织也成立了研究机构和平台，促进人工智能伦理机制落地。谷歌、微软、亚马逊、脸书、苹果和 IBM 等公司联合成立了合作组织 Parternship on AI（PAI），致力于推进公众对人工智能技术的理解，设立未来人工智能领域研究者需要遵守的行为准则，并针对当前该领域的挑战及机遇提供有益有效的实践。

表 3-1 IEEEP 7000 系列标准

标准编号	标准名称
IEEEP 7000™	解决系统设计中的伦理问题的建模过程
IEEEP 7001™	自主系统的透明性
IEEEP 7002™	数据隐私的处理
IEEEP 7003™	算法偏见的处理
IEEEP 7004™	儿童与学生数据治理标准

① 曹建峰. 2019 年全球人工智能治理报告：从科技中心主义到科技人文协作 [EB/OL]. (2019-02-05) [2020-02-08]. https://zhuanlan.zhihu.com/p/105784343.

续表

标准编号	标准名称
IEEEP 7005™	雇主数据治理标准
IEEEP 7006™	个人数据的 AI 代理标准
IEEEP 7007™	伦理驱动的机器人和自动化系统的本体标准
IEEEP 7008™	机器人、智能与自主系统中伦理驱动的助推标准
IEEEP 7009™	自主和半自主系统的失效安全设计标准
IEEEP 70010™-2020	合乎伦理的人工智能与自主系统的福祉度量标准
IEEEP 7011™	新闻来源可信度识别和评价过程标准
IEEEP 7012™	机器可读的个人隐私条款标准
IEEEP 7013™	人脸自动分析技术的收录与应用标准
IEEEP 7014™	自主和智能系统模仿同理心的道德考量标准

随着人工智能不断渗入各行各业和人们的生活，公众对科技企业的人工智能伦理实践的关注度也在不断提高。布鲁金斯学会（Brookings Institution）的调查显示，66%的人认为公司应该有一个人工智能审查委员会，62%的人认为软件设计师应该编译一条人工智能审计记录，以显示他们如何制定编码决策；67%的人希望公司在人工智能解决方案对人造成伤害或损害时制定调解程序。①

在政策引导和外部环境等多种因素影响下，各大科技公司积极建设人工智能伦理制度，包括发布伦理原则、设立道德委员会、推进科技向善项目、推出伦理服务等。

① West D. The Role of Corporations in Addressing AI's Ethical Dilemmas [EB/OL]. (2018-09-13) [2020-12-10]. https://www.brookings.edu/research/how-to-address-ai-ethical-dilemmas/.

人工智能伦理原则

在探索人工智能伦理问题时，世界各大科技公司纷纷发布了人工智能伦理准则和原则，聚焦安全性、负责任、隐私保护、反歧视等多个方面。表 3–2 是部分公司的人工智能伦理准则。

表 3–2 部分公司人工智能伦理准则

公司	伦理原则
谷歌	应用 AI 的目标：AI 应对社会有益；AI 应避免造成或加剧不公平歧视；AI 应安全可靠；AI 应对人们负责；AI 应融入隐私设计原则；AI 应维持高标准的学术卓越性；AI 应按照这些原则来使用 不会开发的 AI 应用：可能造成普遍伤害的技术；造成或直接促成人员伤亡的武器或其他技术；违反国际准则的监控技术；与国家法和人权原则相悖的技术
微软	六大原则：AI 系统应公平对待每个人；可靠，即 AI 系统应可靠、安全地运行；隐私安全，即 AI 系统应是安全的并尊重隐私；包容，即 AI 系统应赋能每一个人并让人们参与；透明，即 AI 系统应是可以理解的；责任，即设计、应用 AI 系统的人应对其系统的运行负责
IBM	三大原则：人工智能应以增强人类智能为目的、数据和洞见应当属于其创造者、人工智能应当透明可解释 五大支柱：可解释性、公平、稳健、透明性、隐私
腾讯	可用：发展人工智能的首要目的，是给人类和人类社会带来福祉，实现包容、普惠和可持续发展 可靠：能够防范网络攻击等恶意干扰和其他意外后果，确保数字网络、人身财产以及社会的安全 可知：透明、可解释、可理解，为社会公众参与创造机会 可控：应置于人类有效控制之下，避免危害人类个人或整体的利益，遵循预警原则，防范未来的风险

人工智能道德委员会

人工智能伦理准则为公司应对人工智能道德问题提供了方向。但伦理准则一般较为抽象，同现实业务中遇到的问题仍有较大的差距。在探索人工智能伦理准则落地的过程中，成立人工智能道德委员会成为许多公司的选择。作为行业内的先行者，微软推出了人工智能伦理准则，并成立人工智能伦理委员会来深入探讨人工智能伦理问题。

微软的人工智能伦理委员会（AI, Ethics, and Effects in Engineering and Research Committee）直接向总裁汇报，即首席法务顾问，同时汇报给微软的最高管理层小组。人工智能伦理委员会汇集来自公司的开发、研究、咨询、法律等部门的专家小组，探索科技对人类的影响，并审查应用中潜在的道德风险，提供有关风险和规避风险的反馈和指导，形成影响公司政策的准则和原则。

由于人工智能在不同场景下面临的伦理问题是不同的，人工智能伦理委员会成立了工作组，专注于特定领域的研究，如偏见和公平、安全、可解释性和透明性、人工智能互动协作、工程上的最佳实践，以及敏感应用等。

这些工作组的任务是把伦理原则细化并落地，针对一个具体的问题进行研究，并提出设计产品和提供服务时一个可遵循和可使用的原则（见图 3–1）。以人机交互场景为例，工作组从初期、人际互动过程、出错时、长期等 4 个方面提出了 18 项操作建议，并形成了人工智能人机交互指南。指南特别关注了人机互动的语境，要求相关互动符合社会准则，并明确告知用户系统的变化。

除了微软，一些科技创业公司也开始积极探索人工智能道德委员会机制。2019 年 7 月，旷视成立企业级人工智能道德委员会及人工智能研究院，研究院下设研发学术、产品工程、客户渠道和运营管理四个部门。每个部门都有具体的落地小组，由相关公司内部的核心副总裁担任这四个小组相关的负责

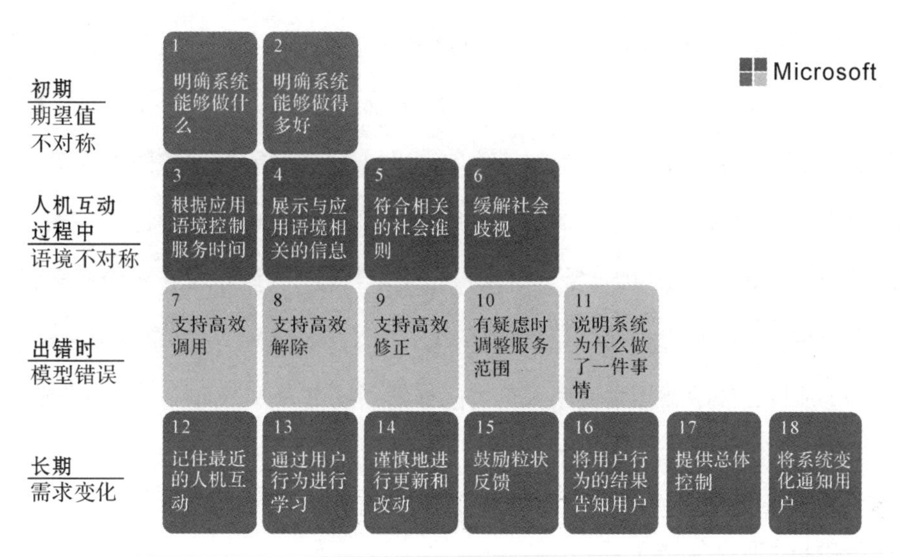

图 3-1　工作组的成果

人，负责将人工智能准则落地到日常工作中。[①]

当然，科技伦理委员会作为科技行业的一种探索机制，能否真正促进相关伦理原则的落地，还存在很大的不确定性。毕竟作为一种机制，要想真正发挥作用，还需要企业有足够的认识、决心和举措。也有公司成立相关伦理委员会后，因各种原因而解散的情况。

设立人工智能伦理委员会本身不能解决问题，但这是一种机制。企业需要探索更具体的举措，让伦理原则真正落地到人工智能研究与应用活动中，对技术和产业发展形成正向引导和规范。

科技向善写入使命愿景

在中国的科技企业中，腾讯率先提出“科技向善”的理念，将其与“用

① 雷锋网．旷视印奇谈人工智能治理：负责任的 AI 是可持续发展的 AI [EB/OL]. (2020-07-11) [2021-02-01]. https://new.qq.com/omn/20200711/20200711A0D7VO00.html.

户为本”一道写入新的使命愿景，在人工智能研究与应用中，腾讯提出了“四可”（可用、可靠、可知、可控）原则。例如，腾讯将人工智能应用于医疗健康领域，致力于打造“救命的 AI”，用人工智能赋能医院和医务人员，改善我国医疗资源分布不均衡的状况；将计算机视觉技术应用于打拐寻人，基于“跨年龄人脸识别”助力警方寻回被拐十年儿童。① 腾讯也在积极探索利用人工智能技术化解传统社会遇到的难题，以 AI for FEW（AI for Food, Energy, Water）项目为抓手，探索使用人工智能等新兴技术为人类面临的食物、能源、水等问题提供解决方案，助力实现可持续发展目标。

人工智能伦理服务及工具包

一些公司也尝试将人工智能伦理服务融入产品之中。比如，谷歌已在谷歌云服务中推出了可解释的人工智能（Explainable AI）工具箱，帮助合作伙伴打造可信的人工智能应用；还计划推出识别偏见歧视、对人工智能项目进行伦理指引等方面的伦理服务。谷歌云部门的人工智能战略研究专家特雷西 · 弗雷（Tracy Frey）表示，谷歌可能会为客户提供相关主题的培训课程，例如如何发现人工智能系统中的道德问题及如何制定和实施人工智能道德准则。

接下来，谷歌可能会提供咨询服务来审查或审核客户人工智能项目，例如检查贷款算法是否偏向某些人口统计群体的人等。有评论指出，如果谷歌的这一设想成功推行，将引领 EaaS（Ethics as a Service）趋势，即伦理作为服务。

IBM 则致力于开发人工智能伦理相关的开源工具包。2018 年，IBM

① 腾讯 AI Lab. 智能时代的技术伦理观——重塑数字社会的信任 [EB/OL]. (2019-07-08) [2021-02-01]. https://www.tisi.org/10890.

Research 发布了一个名为 AI Fairness 360（AIF360）的开源工具包，使开发人员可以共享和接收与人工智能偏差检测和缓解相关的最新代码和数据集。此工具包还允许开发人员社区彼此合作并讨论偏差的各种概念，以便他们可以共同理解检测和缓解 AI 偏差的最佳实践。

自发布 AIF360 以来，IBM Research 还发布了其他工具，这些工具旨在定义、衡量和增进对 AI 的信任，包括专注于 AI 的可解释性相关的 AI Explainability 360（AIX360）、使人工智能更加稳健的 Adversarial Robustness Toolbox、提高人工智能生命周期中由端到端开发的透明度的 AI Fact Sheets 等。①

从发布人工智能伦理原则、成立人工智能道德委员会到推进科技向善项目、提供人工智能伦理服务和工具包，科技公司积极探索人工智能伦理机制的各种落地形式的多样化，一方面显示了科技企业探索的努力和创新精神，另一方面也显示出，推进人工智能伦理机制落地仍在摸索阶段，治理效果尚不明朗或难以评估，行业还比较缺乏最佳实践案例。

① Rossi. How IBM Is Working Toward a Fairer AI[EB/OL]. (2020-11-05) [2021-02-01]. https://hbr-org.cdn.ampproject.org/c/s/hbr.org/amp/2020/11/how-ibm-is-working-toward-a-fairer-ai.

人工智能伦理制度建设的共识和建议

共识

建设人工智能伦理机制成为全球共识

从国际组织、国家到企业，各方积极推进人工智能伦理机制建设。近年来，人工智能伦理机制建设已经上升为各国人工智能战略的重要组成部分。在人工智能发展愿景方面，建立以人为本、可持续发展的人工智能已经成为国际共识。在人工智能伦理原则方面，公平、透明、安全、隐私保护等原则得到了广泛认可。

当然，各国因文化背景、产业发展、战略布局等因素，其人工智能治理模式也存在差异，如欧盟采取的是强监管模式，而美国则更加强调保证产业创新和国家竞争力。在推进人工智能跨文化和跨地区协作时，仍存在许多障碍。Seán S. ÓhÉigeartaigh 等学者认为，在东西方（即以北美和欧洲为代表的西方和以东亚为代表的东方）人工智能治理合作中，文化误解是阻碍合作的重要原因，并提议通过深度交流、合作研究、人才培养合作等方式来消除误解。①

① ÓhÉigeartaigh, Whittlestone J, Liu Y, Zeng Y, Liu Z. Overcoming Barriers to Cross-cultural Cooperation in AI Ethics and Governance[J]. *Philosophy & Technology*, 2020, 33(1): 1-23.

人工智能治理从伦理原则进入伦理落地阶段

从2015年到2020年，人工智能伦理问题受到的关注度不断提高，各国陆续迈入人工智能伦理落地阶段。自2015年起，欧盟、美国和中国陆续将人工智能的发展上升为国家战略，并开始探索人工智能相关的伦理和法律议题。2018年，人工智能道德规范成为各国的重要议题。2019年，欧盟、美国和中国先后发布人工智能治理规范，开启了人工智能治理时代。[①]2020年，美国和欧盟先后出台监管政策，表明人工智能治理从伦理原则进入伦理落地阶段。

多元主体背景下行业自律的重要性凸显

在人工智能伦理机制建设方面，已经形成了政府立法和监管、企业和行业自律、公众参与监督和讨论的多元治理格局。通过多利益相关方协同参与的方式，监管机构、学术界、行业、社会公共机构的决策者、专家、从业者、公众等都能参与到人工智能等新技术的治理中来。

在多元主体参与治理的格局下，企业和行业自律越来越受到关注。一方面，人工智能治理需要平衡发展和创新的关系，在动态中不断调整。企业处在创新和行业的一线，对于人工智能的伦理问题有着最直接和敏锐的感知。另一方面，人工智能伦理机制的落地离不开企业的支持和推进。

宏观的伦理框架为人工智能伦理问题提供了基本方向，政府立法设立了各方应当遵守的底线，但要解决真实的伦理问题，落实人工智能伦理原则，需要企业充分发挥主体性，推进人工智能伦理制度建设，将伦理原则融入日常的工作。

① 王秋蓉，李艳芳．抢占未来制高点——世界主要国家人工智能发展与治理政策扫描[J]．可持续发展经济导刊，2019(7): 19–22.

建议

制定包容、灵活的人工智能伦理制度

在美国、欧盟等国家和地区纷纷出台人工智能监管政策的背景下，如何平衡监管和创新之间的关系，再次成为有关部门、学界和业界关注的热点议题。由于相关政策出台时间很短，其效果仍有待观察。

已有的经验和案例表明，应该构建包容、灵活的人工智能伦理制度，根据技术的发展进行分阶段的监管。由于人工智能在不同行业和场景下的应用模式不同，且相关的伦理风险也不同，包容、渐进式策略不仅能针对性地解决问题，而且可以兼顾行业发展。

相比法律等硬标准，行业准则、行业公约、伦理框架、最佳实践、技术指南等非监管措施能够更好地应对技术发展的不同阶段中出现的问题。[①] 在条件成熟的情况下，上述软性约束可以逐渐沉淀为立法的基础。

用正向的价值引导技术和产品

人工智能等新技术的健康发展离不开正向的价值观的引导。今后，将较为抽象的伦理原则同业务及产品结合将是科技伦理机制建设的重要方向。在产品设计层面，欧盟等提出的“经由设计的伦理”（Ethics by Design 或者 Ethical by Design，EbD）值得借鉴。EbD 提倡通过标准、技术指南、设计准则等方式来赋予“经由设计的伦理”理念以生命力，从而将伦理价值和要求转

① 腾讯 AI Lab. 智能时代的技术伦理观——重塑数字社会的信任 [EB/OL]. (2019-07-08) [2021-02-01]. https://www.tisi.org/10890.

化为人工智能产品和服务设计中的构成要素，将价值植入技术。[①] 此外，在公司治理层面引入人工智能产品伦理风险评估机制、在行业层面形成针对特定科技伦理问题的公约和共识，都将有利于科技向善理念的落地。

推进人工智能伦理制度建设中的公众参与

现阶段，公众舆论在人工智能伦理制度建设中起到了积极的促进作用。因此，建设健康的人工智能伦理制度，离不开来自公众更为广泛和深度的参与，应将公众的关切纳入制度建设中。

这一方面需要加强人工智能伦理方面的宣传和教育工作，引导公众对人工智能等新技术发展过程中的风险进行预警性思考；另一方面也需要建设公众交流、讨论和建言的平台，促进公众和企业、政府监管部门之间的对话。

在多利益相关方协同参与的背景下，科技伦理制度才能更有效地回应各方关切的伦理问题，促进技术的良性发展，最终为社会大众创造更美好的生活。

搭建多学科背景的融合性团队

人工智能作为一项通用能力，正在与越来越多的场景结合，而每一个场景下所涉及的具体问题都不同。因此推动人工智能伦理机制建设，需要搭建多元化背景团队，从人类学、心理学、经济学等多元视角，实现对相关应用的判断和评估。

多元学科背景的融合，既要体现多元，也要强调融合。只有不同专业背景的人员在共同的价值观上达成一致，并基于此为产品、服务提供诊断和解

---

① 曹建峰 . 2019 年全球人工智能治理报告：从科技中心主义到科技人文协作 [EB/OL]. (2020-02-05) [2021-02-01]. https://zhuanlan.zhihu.com/p/105784343.

决方案时，才能更快找准问题并提出解决方案。

人工智能在促进经济发展和社会进步上具有巨大的潜力，但也引发了不容忽视的伦理和社会问题。在数字时代，既需要鼓励在技术上攻坚克难、不断创新，也需要对潜在的伦理问题进行系统性、预警性的思考。从发布人工智能伦理原则到将科技向善写入使命愿景，各方已经在建设数字时代的科技伦理制度方面开展了重要的工作。当下，人工智能治理已从伦理原则进入伦理落地阶段。在此背景下，包括国际组织、国家、行业和公众在内的多元主体更应该加强沟通和合作，共同建设包容、灵活的人工智能伦理制度，让人工智能实现以人为本的发展。

04

改变：科技与社会共生的未来

2020 年新冠疫情席卷全球，不仅对人们的健康和安全造成威胁，也让全球经济和社会遭遇重创，甚至对未来的发展造成深远影响。面对这一数十年来前所未有的挑战，需要集合多方智慧，从长期多元视角给出解决方案。

我们将本章的访谈主题聚焦在疫情带来的挑战，从科技与产业的范式变革、产品向服务转变的趋势、疫情挑战下的未来工作场景和创新动力，以及对人工智能等前沿技术发展的影响和相关科技伦理制度的建设等方向，带来不同的思考和建议。

疫情期间，物理世界的连接被阻隔，催生了线上服务需求的发展。远程办公、直播带货、生鲜配送都是在疫情这一特殊场景下出现的爆发式需求。这些线上产品和服务的出现，某种程度上支撑了我们工作和生活正常运转。

当然，这些变革有些是阶段性需求，有些会成为长期趋势。例如，远程办公这一新的工作方式已经在部分企业成为一种长期选项。在工作场景和模式变化背后，需要一系列薪酬福利、组织沟通、团队协作等制度与之相匹配。这种场景的转换是否会引发企业管理方式的大变革?

在我们为新技术的“临危救急”感到庆幸时，也应该反思技术的运行是否会有“暂停”的可能。这种暂停可能来自外部攻击、系统漏洞，也可能缘于我们所不曾预想到的“低级”错误。我们不会把一张青蛙的图片误判成卡车，但人工智能却可能因为一个像素的改变，出现识别上的误判。

不得不承认，我们正在把人类自身越来越多的能力“外包”给机器和智能设备，尤其是当我们把判断力也逐渐交给算法之后，我们自身还剩下什么? 当量子计算、基因编辑、脑机接口逐渐成为现实后，我们该如何去想象不一样的未来?

面对这些复杂问题，我们访谈了来自科技、商业、管理、创新、科幻、传播等多个领域的专家，希望从他们的视角，更好地理解疫情带来的冲击、改变，并获得面向未来的建议。

朱恒源 | 疫情只是一个引发器

突如其来的新冠疫情，不仅改变了经济社会运行的节奏，也深刻影响了技术应用的趋势。以人脸识别技术为例，其因提升公共场所管理效率而被大规模采用，但同样因安全风险而遭遇挑战。

2020 年 7 月，纽约州立法机关通过了一项法令，2022 年前，禁止在学校中使用人脸识别和其他生物特征识别技术。对于禁止的原因，除了安全、隐私，还包括对不同肤色人群进行识别时可能存在的歧视行为。

抛却疫情的特殊因素，密集的信息技术创新，让我们的生活更为丰富多彩，但同样也会带来挑战。尤其是在当下的数字时代，技术创新正处于一个密集爆发期，面对新技术所带来的便利与挑战，该如何取舍？不断涌现的技术创新与社会适应性之间，该如何平衡？这不仅是创新者所面临的挑战，同样是整个社会需要解决的新课题。

清华大学经济管理学院教授朱恒源长期从事创新、创业与企业转型研究，发表中英文学术论文 30 余篇，出版了《战略节奏》《跃迁：中国制造未来十年》《产业互联网的中国路径》等著作。朱恒源教授不但有深厚的理论研究，还有丰富的企业实践和管理经验。

在接受腾讯研究院高级研究员刘金松的访谈时，朱恒源教授从产业跃迁视角下的“技术-经济-社会范式变迁”逻辑，给出了他对“科技创新与社会张力”的洞察和建议。

疫情改变了什么、没有改变什么

新冠疫情是 2020 年最大的“黑天鹅”，企业普遍感觉这一年是非常困难的一年，您怎么看疫情对经济和技术创新的影响？

朱恒源：疫情只是一个引发器，不期而遇的疫情大概是最近几十年对全球影响最深刻的公共卫生危机，这场危机把人们生活和产业发展进程中原有的一些矛盾暴露出来了。其实从2014年开始，整个中国经济发展都在经历转型，这个转型包含两方面的因素。一方面是要由高速增长走向高质量增长，由要素投入驱动转为创新驱动；另一方面是处在整个产业发展范式变迁的当口，就是新科技革命和产业变革，在这个当口我们面临的挑战就更大了。

如果现在来看企业对疫情的应对，你会发现，数字化转型完成度比较好的企业，在这场应对中相对有韧性一些。经过这次冲击，很多企业也觉得不能把什么东西都放到线下，一旦冲击来了就很难有替代的手段。所以我觉得，2020年虽然是非常困难的一年，但也许也是充满新希望的一年。

这次疫情也加速了一些新经济形态发展，像远程办公、直播带货、生鲜配送，这些新经济形态会是一种长期趋势吗?

朱恒源：趋势是，但形态不一定是。任何一个新技术，当其性能达到某种程度后，就会以某种形式被应用。被应用的过程中，关键的问题取决于它的应用场景有多大、有多少人用，并可以反馈给企业进行快速迭代，最后植入整个社会体制中。

比如说远程办公，最早的时候是通过电视，再到后来有了电视会议，再到这次疫情期间有更多的形式出来，效果也越来越好。但现在的远程办公也不是最终的形态，因为还缺乏人们在线面对面沟通时候的一些感觉，从技术上来说，还有很多可以改进的地方。所以从这个意义上说，这会是新的趋势，形态会不断改进，当然会改得对用户越来越友好。

您觉得这次疫情会对科技创新带来哪些影响？

朱恒源：如果从产业角度来看科技创新，我更愿意把中国现阶段在产业层面上的创新放到整个产业发展变迁的大背景下，再来看疫情改变了什么，没有改变什么。过去的三次工业革命，每一次所谓范式变迁都是因为技术的发展触碰到了社会边界，技术红利效应递减，需要寻找新的应用场景。于是就有企业家创造出新的产品、新的商业模式、新的工艺工程，然后出现新的生产组织和协调方式，甚至新的社会制度。

在这个过程中，产业范式变迁会在哪些区域发生，其发生有什么条件？总结起来有这么几点：第一个条件就是这个市场要足够大，只有市场够大，才能进行各种各样的试验；第二是这个地区应该有一些技术能力，没有技术能力，根本没法参与竞赛；第三是这个区域应该有一些对创新友好的社会条件。从这三个维度来看，在这一轮面向智能化范式转型的时候，中国还是有比较多的机会。

创新的成本越来越低

现在全球的科技竞争非常激烈，各个国家也在通过各种方式激励科技创新，在您长期研究创新的过程中，你觉得推动科技创新的主要因素有哪些？

朱恒源：这要分两个层面，从个体角度来讲，有的是为了解决生存问题而去做各种尝试，像改革开放初期，浙江的那些企业家都是这么过来的。但在 2006 年之后，机会型创业开始增多，也就是创业者本身工作、收入可能都不错，但他发现了一个可以创造新事物来改变人们生活的机会，并且在这个过程中可以成就一份事业。所以在个人层面上就是两点：第一是好奇心，第二是成就感。这是两个重要的驱动因素。

如果放到整个国家产业层面，创新的驱动因素主要是经济发展遇到了瓶颈，以原来的方式做不到更加有影响力、更加有价值、更加有财务效果的商业，那么这些企业家就要不断创新。正是在各种创新驱动力的作用下，我们才能一直在不同领域探索、突破，最终打破很多原有的社会运行机制，实现体制与机制的创新。

和过去的技术创新相比，为什么我们现在的创新速度越来越快？

朱恒源：为什么之前创新速度慢，现在快？是因为在过去40年信息过载、知识冗余，这就为知识创新提供了非常好的基础，通过不同领域知识的跨界“组装”，也许就可以产生一个新理论。

产品的创新也是一样。过去生产一个茶杯，可能需要特别长的周期、复杂的流程和工艺支撑，是一个特别专业的过程。但在当下，当你通过大数据洞察一个消费需求后，可以通过网上的分工协作，快速实现产品的设计、生产和投放。总体来看，创新所需要的知识和信息越来越随处可得，成本越来越低。

跨界“组装”算是创新吗？

朱恒源：从创新的角度看，创新对人类福祉最大的价值，不在于知识发现本身，而在于把知识变成一个产品或服务，并用创造性的方法让所有人能够接受、使用。从产业的角度看，在产业史上伟大的企业家大都不是知识的原创者。

就像你在日常生活中之所以能获得营养，不是因为你种了粮食，而是因为你吃了面包，在粮食和面包之间差别千万。是谁把粮食加工成面包不重要，重要的是你被其中一个创新者说服了。在把粮食变成面包，并且让你接受的这个过程中，凝聚了很多人的劳动和创造。当然，最伟大的创新者是第一个把粮食变成面包的人。亨利·福特、比尔·盖茨、史蒂夫·乔布斯，都是把“粮食”变成“面包”的创新者。

从“反共识”到“存共识”

科技创新会带来红利，也可能会带来一些挑战，比如人脸识别技术在一些国家和地区就引起了比较大的争议，您怎么看待创新过程中可能带来的一些挑战?

朱恒源：在科技发展的过程中，创新者和社会、公众及利益相关方的关系，是一个会长期存在而且非常值得研究的问题。我们在前面提到了创新需要的三个条件，即技术、市场、社会接受度，有时候更大的问题在于社会是否能接受。

所以创新是什么？一定是先去探索，再去解决问题。企业家的创新就在这里，有了安全问题，那就继续在安全领域进行创新；有了供应链问题，就在供应链上进行创新;如果是产品生产环节有问题,那就需要再进一步去溯源。

只有这样不断去突破,整个社会才能在一步步解决问题和挑战的过程中，不断往前走。只有通过解决一轮又一轮的挑战，才能把社会不断向前推进。而且从过往的经验来看，这也是最有效的方法。充满活力的社会，不是不出问题的社会，而是不断用创新解决问题的社会。

问题导向的渐进式技术变革，最终会带来科技、产业范式的革命性变化吗?

朱恒源：所有从切面上看到的革命性变革，其实在内部都是渐进式的。现在我们都认为 iPhone 是一个划时代的产品，加速了移动互联网的到来。但是直到 iPhone 4 爆发之前，消费者并没有感受到 iPhone 和其他智能手机有什么质的不同，但其实在内部它已经在孕育颠覆性变化。

我们当前正处在一个“技术–经济–社会范式”变革的大背景下，这时候会出现大量的创新，每一个创新都有可能会触碰社会接受的边界，大量的创新就预示着会在越来越多的领域带来冲击和挑战。尤其是中国作为一个技术后发国家，为新技术的应用提供了更为宽广的场景，这是我们的优势。当然，这些新技术的应用可以造福社会，也有可能带来新的问题。如果把新技术的应用比作一匹骏马，我们既要允许马儿跑，也应该有一个人勒着它的缰绳，至少不让它去踩伤人群。

其实不论什么样的创新，都要解决创新普及之后，可能会带来的一些挑战，是吗?

朱恒源：这是我特别想强调的，创新本身不在于把它创造出来的那一刻，而在于这个创新被社会接受，并产生价值的过程。那核心问题就在于，社会接受什么样的创新，是跟整个社会政治、经济、文化及社会结构相关的。毕竟技术本身是内嵌于社会结构之中，而且是以商业的方式来逐渐和整个社会一起共同演进，促进社会进步的。

所有创新在刚开始的时候，一定是不被社会接受的，否则就不叫创新。创新推进初期，可能在现有的社会结构或商业体系里，会出现用户不接受，供应商不配合，股东不赞成的情况。这可能是创新在刚被创造出来时会遇到的普遍状况。

从这个逻辑来归纳，其实所有的创新都是从“反共识”到“存共识”，再到成为“下意识”的过程。这也是最考验企业家的地方，能否把一个大家都不认可的“反共识”的东西，通过产品化设计、市场化运营，让市场接受、达成共识。

最后麻烦的是在达成共识之后，可能就变成了另一种“下意识”的行为。就像我们现在下意识地拿着手机读书、获取资讯，那这个下意识也会导致社会缺乏对产品的批判性。

所有的创新都是反共识的，但不是所有反共识的创新都对人类福祉有利。

社会自身的“张力”会倒逼调整

创新的起点是“反共识”，最终会变成一个社会化行为，也就是形成新的共识。如何让这种“反共识”激发出的创新更好地提升社会福祉?

朱恒源：企业通过创新的迭代，不断为社会创造新的福利。但在资源有限的情况下，当创新只能先改善一部分人福祉的时候，就有可能影响另外一部分人的福祉，这个时候就会出现一种技术创新下的“福利偏差”。

在这种情况下，必须通过进一步的创新把所有人带到同一个轨道上来。只有让所有的人都跟上这辆列车，才是对社会最有益的。但企业怎么去看待这样一个“福利偏差”，怎么去达成这样一个福祉，这是存乎于企业家内心的一个判断。

比如医疗信息的提供，就是特别麻烦的事情。因为医疗信息产品有它的专业性，社会上有一些人能够识别它，知道这个信息有多少可信度；但另一些人并不具备这种识别能力，而且没有专门的社会机构去帮助他们来识别。

因此，同样一条医疗信息，推送给一个城市白领和推送给一个边远地区的农民，其产生的影响是完全不一样的。一个城市的白领会有多种渠道去验证信息的真伪，但边远地区的农民可能没有识别、辨别这种信息的能力，当后者遇到一个虚假医疗信息的时候，其受到危害的可能性远远超过前者。

那这个时候，作为一家企业，是要去消除这种“福利偏差”，还是去利用这种“福利偏差”？这可能会带来不同的策略。

这种信息处理能力的差异，会形成一种强化效应吗？

朱恒源：这正是我所担心的。整个社会对信息处理能力的差异，会使真实的社会空间和虚拟的信息空间出现一个特别大的错配。在现实空间，优质医疗资源紧缺是一个相当长时间内都会存在的客观难题。所以各大公立医院的痛点不是缺病人，而是病人太多，它们没有动力到网上去发布信息。

同样，从需求端来说，即便是优质医疗资源相对紧缺，但还是会有相当一部分人，可以通过人脉优势、资源优势，来满足自己对优质医疗资源的需求。他们对公开信息的依赖也要弱得多。

那问题就来了，真正有动力把医疗信息上传的，只是医疗体系中非主流的很小一部分；但这很小一部分的医疗信息，却可能被集中提供给了那些难以在现实中获得优质医疗资源，同时又缺乏相应信息识别、判断能力的群体。从某种程度来说，技术的创新其实在无形中加剧了社会的不平衡。

当这种不平衡达到一定程度，尤其是涉及性命攸关的信息时，一定会出问题。如果一个企业或产品没有自我纠正机制，那社会自身的张力一定会用它的方式来让企业去调整。

这种基于社会张力的调整，会对创新或企业带来什么影响?

朱恒源：信息处理能力的差异、社会结构的不平衡，会导致一些人处于中间游离状态，他们大多数是沉默的，但沉默的大多数的情绪淤积在那里，会成为巨浪。所以，产品的影响力越大，责任肯定越大。

当你的社会影响力巨大的时候，不可能有一条特别明显的界限来区分这是善、那是恶，这是道德化。在这个过程中，作为组织和个体，应该有一套机制来使出现的问题能够被讨论，避免滑向失控的深渊。

科技创新会影响社会结构，但是影响社会结构本身不是坏事。社会结构的演进本身就是社会进步的一部分。所以，社会结构的演进一定不要超过它所能承受的张力，如果超过这个张力，甚至摧毁了社会结构中原有的有效协调机制，造成社会的对立就麻烦了。即使是一个充满善意的产品，也有可能会吞噬掉人的善意，变成恶魔。

通过社群互动驯服技术的坏处

从个人的视角来看，该如何应对这些创新技术带来的挑战?

朱恒源：我现在一直拒绝使用智能资讯推荐客户端，信息的智能推荐本身没有毛病，但在其机制不是那么发达的时候，它推荐的信息对真实世界可能会存在一定的扭曲。从纯粹消费的角度来看这可能没什么，但作为一个学者，需要通过不断思考来对外进行输出和沟通，那智能算法的投喂可能会让你失去对整个社会的洞察，这是我自己担心的。

仔细去想的时候，这种推荐机制对于人们产生极端思想，其实是有影响的。我曾经和一个非常著名的工程师聊过这件事，他说如果有自杀倾向的一群人在网络平台聚集在一起，他们会倾向于讨论这种东西。从心理学的角度讲，这其实是在强化这种倾向。

对信息的传递进行干预，本身也是一件充满争议的行为。

朱恒源：人类是不是要给信息的流动增加阻滞性，其实是一件特别重要的事。我自己原来在学校就管过学生工作，当有学生出现不好的情绪和倾向的时候，我们一定要想办法把他从那个情绪中拉出来。而且要尽可能地切断这种不良情绪的传播，要防止这种情绪在更大范围内的传染和放大。这是我从心理学专家那里得到的建议。

那反过来思考，人为地切断信息传播，它跟信息自由有什么关系？这件事情中间其实有好多信息需要掌控者自己判断。如果我是管理学生工作的，那我就要从学生健康、安全的角度去判断，什么时候切断不良情绪的扩散，就需要我来做出决定。

回到互联网产品上，其实也是一样。作为社会群体的一员、一个互联网产品的运营者，也需要根据社会实践中的一些具体情况去做出判断，是否要对一些网络行为进行干预和纠正，主动去承担责任而不是把它们交给机器，尤其是一个在发展过程中并不完美的机器。毕竟技术的进步和人类本身的社会演进机制是存在不平衡的。

把学生从一个不好的情绪中拉出来，是一个非常具体的个案。但其实很多科技创新涉及的用户场景更广，而且会不断放大某种趋势。在这种情况下，该如何去纠正可能出现的问题?

朱恒源：我认为科技创新在早期的时候一定会是一个不断试错的过程。就像很多资讯类产品，在早期的时候都会有一些不良信息，这些信息可能满足了一部分用户的隐秘窥视欲望。但当这种信息太多，跟整个社会的公序良俗形成冲突的时候，它就会被反噬。

从社会发展的角度来讲，我们不能简单地让个人去决定社会发展的方向，而是要通过不同社群间的互动，逐渐让社会接受某些东西。在这个过程中，也许整个社会就会共创出一些机制，去限制科技创新带来的坏处。

就像汽车刚问世的时候，横冲直撞，经常出事。那时很多人就认为，汽车不就是一个坏东西吗？甚至有人把汽车看成一个张牙舞爪的怪兽，但是人类最后还是解决了这些问题，现在汽车已经是一种非常普及的交通工具。

其实，所有的创新都是这样的，先创造出来，然后经过不断的社会互动，逐渐去驯服它，让它能够为人类谋福利。

企业要理解社会的期待

在推进科技创新的过程中，从企业的角度来看，该怎么建立一套机制，去发现这种社会张力的边界，并能够快速纠正问题？

朱恒源： 我不会试图去指导企业家下棋，因为指导下棋这件事情是会被“打脸”的。而且我认为，企业家的使命是去创造一个行当。很多创新刚出来的时候，你不知道它会不会有恶的影响。所以，我们不能把创新道德化，如果在刚开始就担心这也很危险、那也有风险，就会抑制创新。

但是作为一个企业组织，应该把科技创新、产品创新的社会影响纳入考虑范畴。如果把社会影响作为将科技创新推向市场时的一个考虑维度，那就能够在刚开始的时候，尽可能地减少风险，并且在这个过程中形成一种自我修正能力。

尤其是当企业越来越大、产品覆盖人群越来越广的时候，每一个创新都有可能被社会进行各种解读，当它在一个你不知道的地方，恰巧有了一个向恶的可能时，在组织内部应该有一种机制，使这种趋势能够被讨论、被警醒，最终实现组织内部的平衡。科技创新的影响，要在实践中来评定，在这个过程中你不能把它道德化，过于道德化，一定是会阻碍创新的。

对科技创新可能带来的潜在挑战，是否既要有机制的约束，也要有实时动态的调整?

朱恒源：产品影响力越大，责任越大，这是跑不了的。如果从独立的商业层面来看，企业都会有完备的产品条款、用户手册，看上去好像是界定清楚了不同主体的责任，但在任何交易中，都有很多模糊地带，也就是合同的不完备性。

就像你去买个手机，有长达 3 页的条款，你不会去看每个条款。但是你作为厂家或者说作为创新的领导者，是不是意味着假设消费者没有看这些条款，在某些条件下会导致他遭受损失？在这种情况下，你是把责任放到消费者那里，还是说要在机制设计上，对于某些重要的条款要有确认环节，这就是一个很重要的判断。

在社会的演进过程中，好的产品和组织是能够改进社会的，但是一定要考虑到，改进社会的方向和步骤是不是充分考虑了社会的承受力。技术跑得太快，就会对社会原有的机构产生一种拉扯，甚至会出现一些结构化的争议，而我们又是一个非常讲究和谐的社会体系。

在科技创新推进的过程中，很多看似是新技术应用带来的挑战，其实在某种程度上，也是传统社会问题在数字世界的投射。

朱恒源：当所有这些现实社会的问题映射到数字世界的时候，人们大多数时候不会去想，这背后的原因是什么。他们会把板子打到新出现的产品身上，这就是我说的一个伟大的产品，当你具有影响社会结构的能力的时候，一定要理解社会对你的期待。

就像交通拥堵，在很多城市都是一大难题。以北京为例，交通拥堵的核心问题是什么？是在2000年之后小汽车数量的指数级增长和人均道路拥有量缓慢增长之间的矛盾。

在这样的背景下，网约车的出现虽然可以提升调配效率，但它并不能缓解城市交通中的核心难题，甚至还有可能加剧这个矛盾。这也是为什么京沪这样的城市，会对网约车的准入和运行出台一些不同于其他城市的限制性规定。

所以，当一个公司越来越嵌入社会运行层面的时候，它就必须研究社会的福祉，并且向社会表达自己的善意，努力为自己的创新被社会接受赢得理解和支持。

旧范式不能解决新问题

刚才您也提到社会的张力，像2020年出现的新冠疫情，会对社会长期的张力，产生一种影响吗?

朱恒源: 从社会的张力上来讲，大家在疫情的特殊时期，接受了部分隐私、数据的让渡。如果在这个过程中，技术不断迭代，性能不断提高，整个产品的完备性也逐渐提高了，那可能会逐渐被大部分人接受。

但是我想提醒的是，社会的风向是钟摆式的，今天大家可以在一个特殊的情景下去接受一些行为，未来也可能会在另外一个情景或事件的触发下，去反对一些行为。这个钟摆式的风向本身，其实是人类行为的集体不理性，很多时候需要靠“过犹不及”来矫正。

但核心问题是，当通过“过犹不及”来矫正的时候，中间可能已经有人成了牺牲品，有的产品也成了牺牲品。作为一个有远见的组织，既要知道社会的前沿，也要知道这个社会的钟摆是在一定张力的约束下来回摆动，钟摆拉伸的力度越大，反弹回去的冲击力也越大。

总体上来讲，我觉得像隐私这样的问题，会形成一个长期的社会张力，未来可能还是要靠企业的创新去解决，就像我们逐渐接受汽车一样。但是从企业的角度来讲，应该比社会更早一步认识到有可能出现风险的点，并为它做好准备。

这个其实跟人的适应性也有一定的关系，就是技术的更新速度，远远超过了人自身的进化速度。

朱恒源：但核心的问题是，当技术涉及整个社会不同群体之间的互动时，人们是需要时间去接受它的，需要通过互动去改变人们的认知。这个东西比技术和产品的进化要慢得多。所以在有些情况下，对科技的创新和应用要有耐心，要考虑到社会的接受度。在社会没有大规模接受之前，不要事先张扬地强力去改变。

这跟当年的汽车一样，一些欧洲的绅士对汽车充满排斥，但汽车在美国却获得了广泛的接受。所有产业革命发生的时候，创新性技术本身是通用的，但是最后形成产业，被社会广泛接受，往往开始于一个社群或区域的认可。

第二次工业革命的技术创新主要在欧洲，但是汽车却最先在美国获得广泛认可。

您觉得企业在科技创新和适应社会张力上，该怎么去平衡？

朱恒源：我觉得可以从三个方面来着手。第一是要有一些前瞻性、公益性的研究，关注新技术可能对社会带来的影响；第二是在商业领域，要把竞争对手当作创新的合作伙伴；第三是要在组织和文化上，有一个纠偏的平衡机制。

比如说人脸识别，我们的推进速度比欧美国家要快得多，其在我们的公共交通、社区管理等领域，已经有非常广泛的使用。但是我们对这项技术可能带来的挑战，还缺乏足够的认知，一旦出现一些负面案例，整个社会对于这种技术应用的容忍就会形成钟摆效应。

放在大的社会进程中来看，我们让渡出的隐私、数据等要素和资源会带来潜在的挑战，但我自己还是乐观主义者，我相信人类会慢慢地创造出一些社会机制来驯服它。随着这些新技术的应用，应该慢慢发展出一套与之相关的安全管理办法。在这个过程中，特别需要一些创新者去探索。

随着新技术的应用，整个社会的运行效率也不断提升。但对个人来说，反而越来越忙碌，您觉得“996”是对社会张力的一次挑战吗？

朱恒源：“996”是怎么来的？有多少人是老板一声令下才开始“996”的？我看到“996”最极端的情况是我的一个学生，有一次他哭诉说，现在加班快崩溃了，老板经常在凌晨一点钟丢个活儿过来，说明天早上见客户要用。我的这个学生已经非常优秀了，他都受不了这个压力。这背后是整个社会形态的改变在职场上的投射。

在工业革命之前，人们会想“996”吗？那时候的工作、生活是融合在一起的。我们现在关于工作、职业和生活的这种划分是工业革命的成果。每周6天工作制，还是亨利·福特时的成果，它本质上是为当时的生产方式提供社会组织基础。后来逐渐有了每周一天半、两天的休息时间。

生产方式的转变，也必然会带来社会组织形式的变革。我们不要把上一轮工业革命产生的成果教条化，认为它们不加任何理由就应该存在。数字时代，新的生产组织形式是什么，可能还在不断演进中。

包括在产业领域同样存在这样的问题。工业时代形成了产业资本、金融资本的清晰边界，产业之间也形成了紧密的链条。但在数字生态中，这些边界和分工正变得越来越模糊。同样，对于上一个时代留存下来的产业范式，我们也不要认为其有天然的正确性。

其实，当新的产业革命来的时候，这些原来我们认为自然而然的东西，都面临着被改变的可能。产业之间边界的模糊、产业和金融资本的结合，都会有新的范式。

面向未来，我们还是要保持开放，保持创新。

姜奇平 | 从产品向服务的转变刚刚启动

当现实物理世界受新冠疫情影响按下暂停键的时候，线上数字世界却获得了加速发展，线下业务纷纷加速线上化。互联网科技和现实世界的加速融合，不仅催生了经济形态的变革，也带动了社会管理模式的创新。

如何看待这种公共卫生事件带来的短期冲击和长期影响？中国社会科学院信息化研究中心主任、信息化与网络经济研究室主任姜奇平在接受我们访谈时，从线上线下融合方式的变化、社会治理模式变革、新技术引发的争议等多个维度分享了他的看法。

作为中国最早的互联网研究者，姜奇平在过去 20 年间先后撰写了《长尾战略》《后现代经济：网络时代的个性化和多元化》《网络经济：内生结构的复杂性经济学分析》等 20 多部著作；发表了和互联网相关的论文 30 多篇; 是中国互联网经济理论的重要开拓者，对影响中国互联网发展的重大事件，时刻保持关注和思考。

线下主动找线上

新冠疫情是 2020 年全球遇到的最大的“黑天鹅”事件，对很多行业都产生了非常大的影响，您觉得它对互联网科技行业的主要影响是什么?

姜奇平：新冠疫情对互联网行业的最大影响就是科技和人们的生产、生活联系更加紧密。这在行业发展历史上不是第一次，上一次的“非典”同样是疫情导致实体空间受阻，进而推动了虚拟空间的发展。

这次新冠疫情的出现，进一步改变了实体经济和虚拟经济之间的关系，这是非常强烈的趋势。而且这个趋势和行业本身的发展产生了叠加效应，也就是说即使没有这次事件，实体经济和虚拟经济依然会逐渐走向融合，但速度可能会慢一点。

从融合的领域上来看，如果说上一次疫情期间科技和实体经济的融合更多体现在电子商务领域，那这次则是和社会生活方方面面的联系都更加紧密了。更为重要的是，这次疫情期间的需求，改变了过往的融合方式。通常来讲，在虚拟经济和实体经济融合的过程中，一般是线上找线下，不管是电商还是生活服务平台，都是互联网企业主动去拓展线下客户，吸引用户向线上转移。

但在这次的特殊场景下，出现了“线下主动找线上”的情况。因为疫情期间线下实体店开不了门，要想维持正常经营，必须主动去拓展线上业务，用最后一公里这种方式加以配送，送到各家各户，否则商家很难开张。还有像在线会议、在线教育，都是线下需求主动找各种线上服务去承载。没有这些线上的承载技术，各种会议、教育等服务很难维持运行。

线上和线下的融合加速，会对实体产业发展带来什么影响？

姜奇平：我认为对整个产业的核心影响是产业互联网的发展，或者说是制造业急剧地向服务化这个方向突然加速。先说基本面因素，基本面因素是因为我们产能过剩，再加上外贸形势，导致问题进一步突出，这是导致制造业服务化的根本原因，只不过是疫情把这件事暴露得特别彻底，本来就产能过剩，再因为疫情卖不出去产能就更过剩了，结果就是雪上加霜。

解决方案就是从产品向服务升级。从全球主要经济体的发展来看，都经历过服务业比重慢慢提高，而产品占比逐渐下降的过程。像发达国家服务业占比平均达到 70%，中国现在才 50%，还有很大的提升空间。从微观商业层面来看，产品的价格是不断下降的，服务的价格是不断提升的。只有不断提升服务性功能在业务中的比重，才能更好地提升企业的营收能力。

另外一个因素是，我们的收入结构也在发生变化，2020 年我国人均 GDP 第一次达到 1 万美元，这就意味着人们对产品的需求会慢慢升级为对服务的需求。正好产销两种力量都向着服务的方向发展，加上技术力量的推进，共同促进了产业互联网的发展。如果抛开技术层面来讲，产业互联网的发展其实就是一个制造业服务化的过程。

制造业要想追求升级，需要从无差异化制造向差异化制造转变，从低附加值到高附加值转变。这个过程中有一些明显的趋势：凡是有差异的内容，以及和娱乐、体验、情感有关的领域都保持高速增长；凡是无差异的产品及可以重复、自动化解决的环节都会面临过剩的困扰。

在这个压力之下，整个经济正在经历从产品向服务的转变。目前这个转变还只是在过程之中，甚至刚刚启动。这就是我认为对产业最大的影响。

以前互联网更多聚焦于消费端，现在开始向产业端扩展，当互联网越来越多地融入用户生活、工作中的时候，它带来的主要变化是什么？

姜奇平：比较核心的一点是，最终用户在决定生产中的作用越来越突出，所以应该对整个价值创造的过程，进行重新梳理。这就涉及企业转型，这个转型不仅对大多数的传统企业是一件大事，对互联网企业来说同样是一件大事。互联网虽然号称已经很接近用户，但我认为还不够。

我们通常会把市场分为红海、蓝海，但其实还有一种新的形态叫黑海市场。红海指的是同质化大规模生产，这是产品阶段的事情，是典型的以生产者为中心；蓝海强调产品和服务的差异化，而且是低成本差异化；黑海不仅主张差异化，而且要做高附加值。

在之前的价值创造过程中，用户通常只被当作一个单纯的节点，在整个链条里只扮演一个附属的角色。当最终用户的决定作用越来越大的时候，我们要想获得更高价值，就必须把用户置于场景之中，也就是面向场景的以用户为中心。

这和当下互联网行业强调的以用户为中心的差别是什么？

姜奇平：一个简单的标准是能不能提供综合解决方案，我们目前强调的以用户为中心，更多强调的是功能；面向场景的以用户为中心，强调的是综合解决方案。举个例子，海尔有一款装疫苗的冰箱，如果单纯卖冰箱，竞争很激烈。海尔就派设计人员去打疫苗的场地蹲了三个月，发现有两个地方是痛点，但这两个点和传统的冰箱业务无关。

第一个是打疫苗的时候，最大的问题在于拿错疫苗。如果能解决这个涉及安全的问题，客户肯定愿意买单；第二个是大部分小孩都怕打针，如果可以化解小孩打针时候的焦虑情绪，显然能够让客户的客户更满意。

海尔采取信息化和物联网技术，解决疫苗信息的可追溯和安全问题；通过环境营造、特色文创手办等配套服务，改善疫苗接种场景下的环境体验，营造出一种快乐氛围，让接种人员的体验变好。这两个诉求点，都超越了一家冰箱企业的原本功能，在切实解决用户的场景痛点。

治理模式变革

这次疫情也加速了很多新业务的成长，像在线办公、生鲜配送等，您怎么看这种特殊场景和技术创新的互动关系？

姜奇平：原来供给学派认为供给会自动创造需求，但从行业的实践来看，技术界有个困惑，就是先进技术的发展在初期阶段往往缺少应用场景。以通信领域为例，刚推出 3G 的时候，有观点认为 3G 手机太超前，没有需求。到了 4G、5G 时代还是会有类似的声音，但现实是人们总会在新的技术场景下创造出更多需求。

从根源上来看，主要还是供给和需求的交替推动，不断为新技术拓展应用场景。我们可以用“挑战—应战”的模式来解释这一进程。当用户在实际应用中没有痛点的时候，是供给导向推动；当用户在实际应用中出现痛点的时候，是需求导向推动。

在什么情况下需求导向效果特别明显？就是当你产能过剩，有强烈的技术供给能力，找不到应用场景、应用目标的时候，这个时候如果突然遇到大的挑战，就为新技术找到了用武之地。一旦找到应用场景，供给和需求就会形成良性循环。

相对其他国家来说，中国的通信、网络、应用等技术设施是比较超前的，有些领域甚至有比较大的能力富余。现在突然来了一个大的挑战，这些长期储备的技术得到了提前应用和释放。在这次新冠疫情应对中，中国完善的互联网基础设施、发达的信息通信产业发挥了非常重要的作用。

中国之所以有这样的机会，一方面得益于政府部门的提前规划，对一些技术基础设施进行了提前布局；另一方面也和中国市场所独有的激烈竞争有关，其促使企业不断去挖掘技术应用的潜力。

之前“非典”时期，也是公共卫生事件促进了电子商务的发展，您觉得在这次疫情中，科技行业的应对有什么不同？

姜奇平：我觉得在这次危机中，科技行业在技术为人服务方面，特别是智能化、亲民化这方面做得比上次更好。“非典”疫情的时候，上网的门槛，包括使用电子商务的门槛相对比较高。从应用上来看，技术的智能化程度不够高，通常是专业人士才可以利用，一般老百姓较少使用。

但这一次不一样，技术普及非常快。举个例子，视频会议的使用，大家几乎没看什么说明书，很快就能上手了。智能化的一个最直接效果，就是能够使人们迅速地迈过使用门槛，让更多的人能够接触到科技。

这样一种技术的快速普及，在解决了疫情期间的短期“痛点”之后，会带来哪些长期影响?

姜奇平：我们可以看到一个非常有意思的现象，就是网络社群的兴起，给疫情期间的社会治理带来了非常大的帮助。像这次疫情期间的一些物资捐助，很多都是通过网络实现了跨地区、跨国界的物资调运、分配。尤其是在大家出行受限的情况下，网络社群发挥了重要的组织、协调作用，一些小区的日常生活采购、邻里之间的相互协助，很多也是通过网络社群来完成的。

这和我们传统的社会治理模式有很大不同，我们日常的治理模式都是自上而下的结构，它的特点是集中力量办大事。即便是最基层的社区居委会，虽然大多时候是通过自组织、自协调的方式来解决社区里的各种类型的问题，但它在某种程度上还是通过集中化的方式，来服务社区的各种需求，属于传统的机构对个人的模式，居委会和居民之间有相对明确的角色分工。

但在这次疫情中，除了传统的治理模式，我们也看到了通过分布式协作来促进社会治理的可能，尤其是涉及各种民生问题、生活服务问题时，可以尝试通过网络社群来协助完成。从社会治理的角度来看，这可能是继居委会之后，中国在基层社会治理方面的又一大创新。

基于社群形成的分布式社会协作结构，打破了传统中心化治理模式的服务瓶颈，可以实现“人人为我，我为人人”模式。和传统中心化治理模式之间的主要区别是基于网络社群的协作是一个分布式、生态化的治理结构，它能以分散的力量完成大量社会事务的协同。从信息社会下的治理来看，它可以实现“自上而下”和“自下而上”的结合，这也是此次疫情带来的非常大的变化。

当然细枝末节的变化还有很多，但我认为影响深远的变化，是把传统的治理模式和信息技术充分结合，形成了自上而下和自下而上相结合的这样一种治理结构，并且有望成为一种新的社会治理模式。

在发展中完善

在最近的新技术应用中，有些应用也引起了一些争议，比如人脸识别技术，在一些国家就引发了比较大的争议，相关科技公司也主动在一些领域停止提供服务。怎样看待这些科技应用在这次疫情中引发的争议？

姜奇平：从处理这个问题的方式来说，通常有两种：一种是先讨论出一个规则，然后让大家遵守；另外一种是在技术的发展中不断完善。前一种方式更为稳妥，但也容易走向教条主义；后一种方式相对更灵活，但也需要把握不同阶段的特点。

在新技术领域采取“先规范后发展”的国家和地区，往往是规范有了，发展却搞不起来。而采取“发展中不断完善”的策略，也要区分不同阶段的应对方式。比如在新技术起步阶段的探索期，这个时候需要不断试错，要容忍不规范情况下的发展。

在遇到特定的应用场景或问题时，要采取特事特办的策略。像这次人脸识别在疫情中的应用，就属于特殊情况下的救急状态，这个时候应该是个人让渡更多的权利给公共安全部门，保护大家的安全。这要求人们在特定的时间、特定的区域、特定的情况下让渡权利。而一旦恢复常态，那么我们就需要重新制定规则，来完善相应的治理规范。在特事特办的过程中，可以慢慢总结经验，如果能够总结出来，就把它变成规则；如果总结不出来，那就接着尝试。

在规范的过程中也要分出层次：是个案问题还是共性问题，是需要市场治理的问题，还是需要行业治理或者社会治理的问题？不同的问题，要有不同的应对策略。

怎么看这三种策略之间的关系和衔接?

姜奇平：从治理的顺序上来说，我一直认为应该采取市场、行业、政府的递进策略。具体到人脸识别的应用来说，当它出现一些问题的时候，要先看市场治理是否有效，如果过早采取限制性措施，可能会限制市场力量、市场机会的发展。

如果要在互联网行业的发展中找类似情形，那就是杀毒软件产业的发展。最早开始出现各种计算机病毒的时候，用户很苦恼。这个时候其实有两种策略：一种是由政府部门推动对病毒的治理，但这不仅需要投入大量的行政资源，效果也不一定好；另外一种是采取市场治理的策略。一个显而易见的逻辑是，当受病毒困扰的用户多了，买杀毒软件的需求就多了，最后会促进杀毒软件产业的发展。

我们可以对比下这两种策略的差异，是杀毒软件的治理效率高，还是政府部门介入的效率高？显然是私人部门的效率高。这就会出现比较有意思的现象：当杀毒软件产业发展起来后，有些搞病毒的也开始“从良”搞杀毒软件了。写病毒和杀病毒在某种程度上是一个事情的两面，如果做好事比做坏事还赚钱，谁还去做坏事呢？而且做坏事不容易做大，不容易抱团，一做大就容易被打，一抱团就容易被抓。

所以对于技术引发的问题，不妨让子弹多飞一会，先让市场自身来解决。当市场治理失效的时候，才轮到行业治理、社会治理的介入。病毒问题的治理也是沿着这一路径，最后不仅治理了病毒乱象，还培育出一批专门治理病毒的网络安全企业，可见市场的魅力是不可忽视的。

目前也有一种担心，疫情期间的一些措施会常态化，是否存在技术应用尚未被充分验证和实践就扩大化的趋势？

姜奇平： 以人脸识别为例，从技术的角度看，人脸识别引发的问题并没有什么特殊的地方。和此前遇到的很多问题类似，其也是一种技术可能被用来做坏事的问题，从而引发相关焦虑和争议。这些问题表面上是技术问题，实际上是利益问题，技术是人与自然的关系，利益是人与人的关系。所以我们看待技术问题的时候，关键点在人而不是技术。

从过往的治理经验来看，当出现一些个案问题的时候，其实不用担心。关键是要从产业链的角度、从源头去治理。就像之前对病毒的治理一样，发现病毒—出现杀毒软件企业—行业协会推出治理病毒的标准—政府主管部门进行监管。所以，对技术问题的治理，要从技术化、市场化、产业化的视角出发，抓住问题的核心，这种方法在过去被证明是有效的，对人脸识别来说也是完全一样的。

当然也有些看似是技术问题，其实本质上是应用和机制的问题。比如之前大家担心的二维码验证扩大化现象，原本是为了加快健康信息核验效率，但一些地方将其使用范围扩大，引发了争议。它本质上并不完全是技术问题，而是属于电子政务问题，它的核心是不同行政部门之间的协调。

从积极的视角来看，在过去很长一段时间内，我们一直缺乏部门之间的信息共享机制。但是在这次疫情期间，当面临巨大挑战的时候，过去我们认为无法克服的障碍消除了，信息共享得到了快速推进。所以它不是一个市场问题，这跟技术问题完全是两个性质。

当越来越多的个人信息、行为信息数字化之后，如何看待它给隐私保护带来的挑战？

姜奇平：从个人的角度，当我们谈论隐私保护的时候，判断好坏的标准是什么？我曾经就这个问题咨询过《连线》杂志主编凯文·凯利，他给出了非常好的解释。他说当我们讨论这个问题的时候，首先要有一个好坏的评价标准，隐私的对应物是什么？隐私的对应物其实就是体验。也就是说产品获得用户的隐私，是为了给用户提供更好的个性化体验。

举个例子，当一个人到医院看医生的时候，你只有向医生提供充分的信息，医生才能开出个性化的治疗方案。如果你没有充分告知信息，那肯定是误人误己。这也是为什么大家在医生面前会敞开隐私，因为医生会根据病人提供的信息给出个性化解决方案。这时候病人就要做平衡，要想得到更好的个性化服务，就得披露更多信息，包括隐私信息。

如果选择不披露个人隐私信息，可能会导致服务个性化的基准下降。这个时候就变成了一个选择题：用户在什么情况下注重隐私，在什么情况下不太看重隐私？有了这个概念以后，你就会发现隐私问题没有一个绝对答案，而只有相对答案，它需要找到每个人的平衡点，而每个人的平衡点都不一样，这种平衡点又和收入、年龄、需求等多种因素相关。

从收入的角度来看，一般当人处于生存发展阶段的时候，更强调满足刚性需求，不太考虑个性化需求；但是当你的收入达到一定水平后，就会对个性化的服务需求有所增强，这个时候如果你一边要求提供个性化服务，一边又不愿意提供个性化信息，最后将导致产品只能给你提供常态化功能。

和隐私相关的另外一个因素就是所处的场景，越是一对一的场景，越不在意隐私。现在大家之所以在意隐私，是因为我们破坏了一对一这个场景，也就是说有些产品拿到用户信息后到处乱用，而不能像医生那样，用户提供的隐私信息只用来服务于诊断的特定场景。

个人信息使用要在开发和保护中取得均衡，唯有达到均衡才是它的合理界限。如果我们抛开了这些前提来进行讨论，最后会导致得不出结论。所以我们一般说个人信息的保护和利用问题，只有在开发和保护之间取得平衡，才能实现我们追求的多赢目标。

示范效应非常重要

最近两年，中国一些科技公司在一些领域取得了领先优势，您怎么看中美科技公司之间的创新优势对比？

姜奇平：从技术角度来说，通常会认为中国和美国还是有比较大的差距，尤其是在基础技术方面。但这里面也有一个值得区分的点，就是技术其实是一个比较宽泛的概念，它既包括基础技术，又包括应用技术。

中国在应用技术上的发展是比较快的，凡是和应用结合紧密的技术我们都不弱，但我们谈到技术的时候，通常会有一种贬低应用技术的倾向。所以，综合基础技术和应用技术来看，可以说中美科技公司是各有千秋，这是第一个问题。第二个问题是如果把这个技术理解为是和商业模式融合在一起的，那么中国相对更容易取得优势。比如移动支付，一方面是中国企业善于在应用技术方面创新，另一方面也和我们传统金融业不够发达，有非常强的后发优势有关。

2020 年，我们也提出“科技向善”会成为创新的新动力，从您的角度，如何看待“向善”和“创新”的关系?

姜奇平：我认为提出科技向善，其实是提出了一个根本性的问题，就是科技企业的社会价值。当科技企业从一种利益观变成了一种社会服务观，那么“善”在其中，就成了影响成功概率的重要因素，也就是“得道多助，失道寡助”。所以，在当前背景下提出科技向善，它本身的意义就特别重大。

科技企业成就伟大的一个必要条件，就是要发现自己的目标、使命和价值观。所以对于腾讯和其他科技企业来说，践行“科技向善”的当务之急就是要建立起一套运行机制，既要有好的产品、好的服务，也要有好的体验，从而实现科技向善与企业创新力之间的融合。

在具体实践上，可以从案例入手，用一些科技向善的具体案例让大家明白什么是科技的“善”。在我们还不是特别有把握或者还在探索的时候，抛出这样的案例，让大家从不讨论到讨论，从分散讨论到集中讨论，这种示范效应非常重要。

廖卉 | 未来工作场景与创新的情感动力

远程办公成为2020年互联网行业增长迅速的领域，尤其是随着海外新冠疫情的持续，部分硅谷科技公司允许员工永久远程办公。远程办公“常态化”改变的不仅是办公形式，还包括与之相关的薪酬制度、团队管理、就业形态等一系列问题。即便抛开疫情的压力，伴随着技术进展、业务场景多元分布，我们也需要做好应对远程办公常态化的准备。

和科技公司将人力资源分散化的措施不同，一些劳动密集型或标准化程度比较高的工作岗位则开启了“共享用工”模式，通过人力资源在不同企业间的再分配，提升了社会整体的人力资源利用效率。其背后所呈现的“雇佣关系灵活化、工作碎片化、工作安排去组织化”等特点，同样兼具短期压力与长期趋势的特征。

在工作场景和工作模式变化的背后，科技正在越来越深刻地介入人力资源的全流程管理，效率的提升往往显而易见，但在效率提升的同时，如何注入更多的人文关怀？如何达成企业、员工共赢的结果？如何通过技术的助力，识别出更能促进个人、团队、组织“向善”的人格特质、行为特征、价值观念等有效预测指标?

腾讯高级顾问、HR科技中心人力分析（People Analytics）负责人、美国马里兰大学史密斯商学院院长席教授廖卉，在与我们的访谈中，从科技与人才管理视角，与我们分享了她对未来工作场景、工作模式，以及构建“向善”环境、机制、文化方面的思考。廖卉教授曾在多种文化情景下研究领导力、战略人力资源管理、创新与主动性、多元与包容、跨文化管理等课题，先后获得美国管理学会“Cummings组织行为学学术成就奖”“人力资源学术成就奖”、美国产业与组织心理学会“职涯早期杰出贡献奖”，并当选为美国管理学会、美国心理学会、美国心理科学学会成员。

“远程＋现场”的混合办公模式正在成为新常态

目前，有一部分硅谷科技公司不断推出措施，允许员工长期远程办公，这样的变化会带来哪些影响？这是仅限于科技行业的局部现象，还是会成为一种普遍性趋势？

廖卉： 在新冠疫情之前，远程办公就已经存在了。作为一种适应信息化社会的新型工作模式，远程办公吸引了很多管理者与研究者的注意。比如早在 2010 年，斯坦福大学的尼古拉斯·布鲁姆（Nicholas Bloom）教授等与携程创始人之一梁建章合作进行了一项试验，将参与研究的携程员工分成了两组，即进行在家远程办公的实验组与不进行远程办公的控制组，发现远程办公提高了 13% 的绩效。而当携程让员工可以自主地选择在家或是在公司办公并在全公司范围推广后，远程办公更是提升了 22% 的绩效。与此同时，远程办公还使员工们有了更高的满意度与更低的离职率。[①]

疫情的突然暴发，让远程办公一夜之间在全球范围内被广泛地推广，而且很多公司直到目前都还处于全员全程远程办公的状态。这样的变化确实会对员工个人、企业、行业生态都有很多影响。

对于员工个人来说，工作模式发生了很大的转变。疫情之后，在家办公的人数极大地增加，盖洛普（Gallup）咨询公司在美国持续进行的追踪调查发现，2020 年 4 月，美国“全职在家办公”的比例达到了 51%。而到了 9 月，“全职在家办公”和“有时在家办公”的人数加起来已经达到了 75%。[②] 居家办公

---

① Bloom, Liang, Roberts, Ying. Does working from home work? Evidence from a Chinese experiment[J]. *The Quarterly Journal of Economics*, 2015, 130(1): 165–218.

② Brenan. COVID–19 and Remote Work: An Update [EB/OL]. (2020–10–13) [2021–02–01]. https://news.gallup.com/poll/321800/covid–remote–work–update.aspx.

的时候，员工摆脱了通勤的麻烦，对工作时间也有了更自主的控制。而同时，居家办公让工作和生活的界限进一步模糊了，尤其是有可能让工作时间变得更长。比如哈佛大学商学院和纽约大学的一个研究团队，采集了美国实行居家隔离政策的 16 个城市近 300 万人的电子邮件数据，发现大家平均每天会多工作 48.5 分钟。还有一些规模没有那么大的研究，得出的结论甚至是 3 小时。[①]在工作和生活之间保持一定的清晰的界限对于员工的心理健康很重要。[②]所以居家办公的员工需要学会更好地安排自己的工作和生活，保持自己的心理健康。

另外，远程办公让工作中线上沟通和协作的比例大大提高。一篇发表在《应用心理学》期刊的元分析就发现，虽然远程办公可以促进绩效和满意度的提升，但当时长每周超过 2.5 天时，远程办公就可能会损害员工与同事间的社会交往关系。[③]这是我们要警惕的。缺少了茶水间的聊天，我们要如何和我们的同事维持良好的友谊，如何维系我们的社会资本？大家应该积极地设法保持彼此间的联系，而不是被动地等着关系因为距离而疏远。

比如微软对于 350 名员工进行的内部调研发现，转为远程工作后，微软员工们也开发出“远程社交”的新技能，比如说员工们组织了在线聚餐（以及各种主题的在线聚会，比如“睡衣节”和“晒宠物”）。积极地寻求远程社交，使微软员工的社交时间在一个月内增加了 10%。与此同时，它发现员工在工作上的交流也没有松懈：转为远程办公后，这些微软员工自行安排的

① Ivanova. Coronavirus lockdowns are making the workday longer [EB/OL]. (2020-08-05) [2021-02-01]. https://www.cbsnews.com/news/covid-19-lockdown-work-from-home-day-one-hour-longer/.

② Giurge, Bohns. 3 Tips to Avoid WFH Burnout [EB/OL]. (2020-04-03) [2021-02-01]. https://hbr.org/2020/04/3-tips-to-avoid-wfh-burnout.

③ Gajendran, Harrison. The Good, the Bad, and the Unknown about Telecommuting: Meta-Analysis of Psychological Mediators and Individual Consequences[J]. *Journal of Applied Psychology*, 2007, 92(6): 1524.

一对一沟通增加了 18%。[①]

当然，维持员工间的社交关系除了需要员工自身的努力，也需要公司在远程办公期间给予设备、技术等方面的支持。

对企业来说，远程管理员工会成为越来越普遍的现象，而如何管理则成为越来越重要的问题。尤其是对于科技公司，需要做好远程办公成为一种常态并且和现场办公长期混合存在的准备。未来的工作场所和工作模式可能是非常丰富多元的。在技术、文化氛围、管理机制和管理者的赋能上，都需要做出努力。虽然远程办公的突然来临打了管理者们一个措手不及，但是他们却在积极主动地应对，现在我们已经看到了一些有趣的实践。

比如搜索引擎公司 DuckDuckGo。公司每周都会举办一场“邻居会议”，随机让四五个平时不一起工作的同事见面，以增强线下的联系。[②]

又比如，微软通过对内部的调研发现，最早受到疫情影响的微软中国团队——他们比其他国家的员工早几个星期关闭了实体办公室，管理者们迅速地转到线上来远程管理团队。2020 年 3 月，微软中国团队的管理者们在即时通信软件上发送的信息增加了 115%，而同期员工只增加了 50%。微软的调研发现，每周与管理者一对一沟通的平均时长最长的员工，工作时长增加幅度最小。[③]这从侧面反映出，管理者们主动承担了“缓冲”的角色：通过了解员工的需求，优化工作上的安排，避免过度加班，减少了远程工作带来的负面影响。所以，管理者们的积极应对确实产生了好的效果。

---

① Singer-Velush, Sherman & Anderson. Microsoft Analyzed Data on Its Newly Remote Workforce[J]. *Harvard Business Review*, 2020, 99(10).

② 神译局 . 远程工作下硅谷的“输家”和“赢家”[EB/OL]. (2020-08-11) [2021-02-01]. https://36kr.com/p/832403030663810.

③ Singer-Velush, Sherman & Anderson. Microsoft Analyzed Data on Its Newly Remote Workforce[J]. *Harvard Business Review*, 2020, 99(10).

对于行业来说，改变同样也是深刻的。现在我们能很明显地观察到的是，在线办公行业迅速腾飞，在美国使用比较多的高清视频会议工具 Zoom 之前宣布，2020 年 4 月到 5 月，用户量从 2 亿增加到 3 亿，增长了 50%。[①] 在中国，腾讯也很好地抓住了这个风口，腾讯会议是最快超过 1 亿用户的视频会议产品。[②] 除此之外，一些更加深远的影响也在慢慢显现，比如大家对通勤和交通运输的需求将会降低，对物流配送的需求增加，随着大家搬离大城市，居家办公甚至对房地产市场也会有影响。

一个值得注意的现象是，我们在新闻上读到的大力推行远程办公的公司几乎都是科技公司，传统公司很少出现。这是一个有趣的现象，同时也侧面反映出远程办公模式对于不同行业的适合度是不同的。我的看法是，在目前的技术环境和社会环境下，在短时间内，远程办公还难以成为跨行业的共同选择。

首先，即使是在疫情期间，选择远程办公的公司的比例在不同行业也是很不同的。比如来自伊利诺伊大学、哈佛大学的研究团队发布在美国国家经济研究局（NBER）的一篇研究报告发现，在员工平均受教育水平处于前 1/4 的行业中，64% 的公司公布了让部分员工转向远程工作的政策。而在员工受教育程度处于后 1/4 的行业中，只有 36% 的公司有这样的政策。[③] 芝加哥大学的教授丁格尔（Dingel）和尼曼（Neiman）在 2020 年的研究中对不同行业“可远程办公”的程度进行了分类，根据他们的研究，软件工程和数理统计类岗

---

① 陶凤，汤艺甜．居家变永久？美国办公新模式藏隐忧 [EB/OL]. (2020-05-22) [2021-02-01]. http://www.jwview.com/jingwei/html/m/05-22/321108.shtml.

② 第一财经．245 天用户破亿，腾讯会议的升级之路 [EB/OL]. (2020-09-14) [2021-02-01]. https://wemp.app/posts/fcd312ad-c102-4188-8db2-50ff57640315.

③ Bartik, Cullen, Glaeser, Luca, Stanton. What Jobs Are Being Done at Home During the COVID-19 Crisis? Evidence from Firm-Level Surveys[J]. *National Bureau of Economic Research*, 2020(6).

位是“可远程办公程度”最高的岗位，而清洁工类岗位“可远程办公程度”则最低[①]（见表 4–1）。

表 4–1 各职业大类中可远程办公的岗位比例

编号	工作分类	可远程工作的岗位的比例 /%
15	计算机和数学类	100
25	教育、培训和图书馆工作类	98
23	法律类	97
13	商务和金融运营类	88
11	管理类	87
27	艺术、设计、娱乐、体育和媒体类	76
43	办公室和行政支持类	65
17	建筑和工程类	61
19	生命科学、社会科学、理科研究科学家类	54
21	社区和社会服务类	37
41	销售及相关专业类	28
39	个人护理和服务类	26
33	防护服务类	6
29	健康保健技术类	5
53	运输和货运类	3
31	健康保健支持类	2
45	农林牧渔类	1
51	生产类	1
49	安装、维护和维修类	1
47	建筑和挖掘类	0
35	餐饮提供和服务类	0
37	建筑 / 地面清洁和维护类	0

注：工作分类根据 O*NET 的二级分类进行。比例计算方法为：使用 O*NET 数据库中曾大规模发放的问卷数据，问卷中，被测会针对自己的工作情况进行评价。选取问卷中一系列和远程工作相关的题目，如“每月使用邮件的频率少于一次”。将被测的答案聚合到其所属的职业，针对库中的 1000 多个职业，每个职业如果有超过一半的人填写了“是”，那么这个职业就会被编码为“不适合远程工作”（每个职业打分人数的中位数为 26 人）。

① Dingel, Neiman. How Many Jobs Can Be Done at Home? [J]. *National Bureau of Economic Research*, 2020(4).

并且，研究发现，在美国可以“完全在家完成的工作”占所有岗位的37%，而这些工作的薪资通常更高，占全美所有工资的46%，可远程工作的岗位比例和职位类的薪资水平显著正相关，许多低收入工种的工作性质让其更难实现远程办公[1]（见图 4-1）。

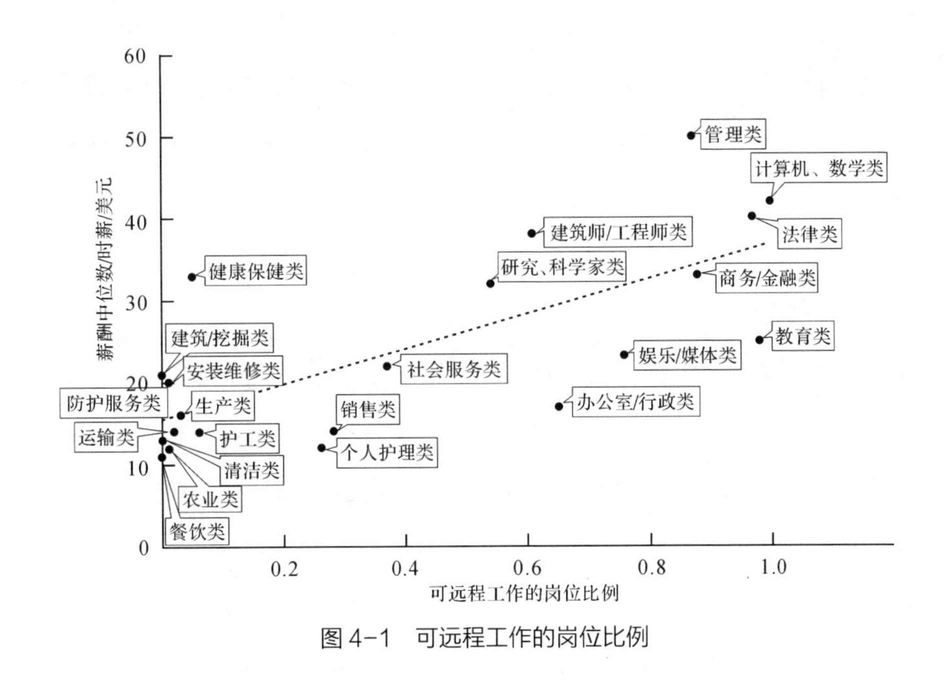

图 4-1 可远程工作的岗位比例

Bartik 团队的研究还发现，远程办公是否会降低工作效率，和员工的工作适合远程的程度显著正相关。也就是说，对于适合远程的工作，不仅目前的远程办公比例很高，而且生产率的降低很小，甚至有机会提高生产率。对于那些不适合远程的工作，不仅目前远程办公的比例低，而且工作效率也更低，其选择远程办公实属疫情中的无奈之举。

① Dingel, Neiman. How Many Jobs Can Be Done at Home? [J]. *National Bureau of Economic Research*, 2020(4).

占据新闻头条的硅谷公司，恰恰拥有最多的软件工程师类、受教育程度高、高薪的岗位。这一特征决定了这些公司更加适合进行远程办公。但是一些传统的公司，例如沃尔玛，也宣布允许它们的科技类员工在疫情结束后进行永久的远程办公。因此，工作任务的具体特点对是否适合进行远程办公有影响。

尽管科技行业比其他行业更适合远程办公，但当新冠疫情被控制住后，这些硅谷公司是否还会保持对远程办公这么高的接受度呢？硅谷公司内部就展现出了两种截然不同的态度。一方面，脸书、推特这样的巨头公司开始宣布自己将会永久允许员工们进行远程办公。而另一方面，也有一些管理者明确地表达了自己对于远程办公模式的不认可。比如说奈飞（Netflix）的 CEO 在采访中就说道："疫苗被批准的 12 小时内，我就会让我的员工全都回到办公室。"① 发生这样的争议是情有可原的，如前所述，远程办公有其挑战性。

因此，对于远程办公，我们需要看到它有利的一面，也要看到它不利的一面。作为一个突然被大范围推广的工作模式，我们对于它的认识也是在不断加深的，既要发挥其优势，也要积极应对它所带来的挑战。未来很可能会有更丰富的办公模式可选择。比如谷歌等正在尝试的"混合模式"：在一周内，员工们可以自由地选择在家工作几天，然后再来公司工作几天。最近欧洲的一项研究也发现，10 个管理者中有 9 个认为混合办公在疫情结束后也将长期存在。这种远程＋现场办公的混合模式正在成为新常态。

① Kelly. Netflix CEO Reed Hastings Is Not A Fan Of Working From Home And Wants His Employees Back At The Office "12 Hours After A Vaccine Is Approved" [EB/OL]. (2020-09-08) [2021-02-01]. https://www.forbes.com/sites/jackkelly/2020/09/08/netflix-ceo-reed-hastings-is-not-a-fan-of-working-from-home-and-wants-his-employees-back-at-the-office-12-hours-after-a-vaccine-is-approved/?sh=6989ec321d5d.

远程办公的相关调整在解决疫情下的“复工”难题的同时，也带来一些争论，包括不同地区之间的薪酬差异等。从您的角度，怎么看这种办公方式的变化和带来的挑战？

廖卉：关于远程办公，大家当下讨论非常火热的一个点是，当员工选择长期远程办公模式并搬离所居住的城市时，企业会根据员工搬往区域的不同而进行不同程度的减薪。

从公司的角度来说，这样的选择是由市场驱动的。由于疫情，各大公司的营收都受到了不同程度的影响，维持之前的高薪酬水平可能要比之前承受更多的压力。另外，整个社会的就业市场也受到影响，[①] 员工的求职活动受到限制，议价能力可能也低于以往。而在美国全员远程办公的环境下，员工搬离房价和物价都高昂的硅谷，去往更宜居的城市是很普遍的选择。按照硅谷公司的说法，根据所在地区的情况减薪，既可以保持员工原本的生活水准，又可以降低公司的经济压力，可以说是双赢。并且，现在有越来越多公司都在采取这个政策，进一步降低了公司面临的舆论和社会责任压力，也提升了员工对此类措施的接受度。

但是，站在员工的角度，也会有很多人质疑：公司购买的是我提供的服务和技术，现在我的工作内容不变，为什么得到的报酬更低了？这样的政策和“同工同酬”有一定的矛盾。另外，从员工个人职业发展的角度，经历10% ～ 20% 的减薪，可能会对职业生涯的长期收入趋势造成负面的影响。[②] 匿名讨论职业的平台 Blind 的一项调查显示，在填写问卷的 5500 多名员工中，

① 腾讯科技 . 远程办公引发硅谷减薪潮 业内人士褒贬不一 [EB/OL]. (2020-10-12) [2021-02-01]. https://new.qq.com/rain/a/20201012A0BIGP00.

② 廖卉 . 如何做好远程团队的领航者、架构师、点燃者、黏合剂、联络官 [EB/OL]. (2020-03-24) [2021-02-01]. https://mp.weixin.qq.com/s/dJhUPmxNEfxIlcg4UyZt7w.

48% 的人表示不会接受这样的降薪政策（当然也同时有 44% 的人表示可以接受），在远程办公情况下，公司和员工缺乏足够的讨论和有助于互相达成谅解的沟通机会。

这种时候，公司需要特别警惕员工，尤其是骨干员工因对政策不满而导致的离职潮。虽然就业市场不如以往，但优秀的员工总会有去处。如果真如市场研究公司高德纳（Gartner）人力资源部门研究主管布莱恩·克洛普（Brian Kropp）所说，这种降薪政策下“生活成本的降低幅度通常超过了薪酬下调的幅度”，那公司一方面应该给员工提供办公区域的选择，另一方面也应该让这种生活成本的比较及与当地劳动力市场类似岗位薪资的比较更加直观，增强员工在这个过程中的自主权和信息的透明度，以此增加员工对这项政策的接受度。

对于我们来说，国内的疫情环境不同，没有迫切的压力去完全效仿硅谷采取相对激进的远程办公政策。但需要考虑的是，即使没有疫情的压力，由于技术的进展、业务的分布，其实远程办公已经或多或少地存在于我们的工作中——我们可能都有过用企业微信、腾讯会议与在另一栋大楼、另一座城市的工作伙伴、客户沟通的经历。再考虑到远程办公的一些益处，例如帮助减少公司成本，促进团队管理流程规范化、标准化，以及对员工工作生活平衡方面可能也有益处。①

疫情期间腾讯试行在家办公几周，也有一些同事发帖表示很喜欢这样的办公模式。现在公司内网上就已经有员工在询问，能不能每周有一天在家办公。因此，我们可以在关注硅谷政策的同时，充分地了解和思考这些实践的利弊，

① Kahn, Lange, Wiczer. Labor Demand in the time of COVID-19: Evidence from vacancy postings and UI claims[J]. *National Bureau of Economic Research*, 2020(4).

考虑如何更好地为我们所用。

疫情期间，您在腾讯也体验了远程办公，您观察到远程办公带来的最大挑战是什么?

廖卉：我可能是一个比较特殊的“鹅厂”人，不仅在疫情期间，我长期都和我的团队保持远程的工作状态，我们现在已经非常习惯这样的工作模式，且已逐渐摸索出与之相对应的管理机制、流程规范、协作方式等。就腾讯整体而言，公司在疫情严重时采取了广泛的在家办公模式，薪酬福利部门在此期间向全员发放了在家办公的调查问卷，大家回答了“在家办公的主要障碍”，排名前五的分别是：办公硬件（主要提及的是显示屏、办公椅等）、后勤支持（主要提及的是一日三餐的问题）、沟通协作、家庭因素、时间管理。

其中，办公硬件和后勤支持比较像是短期的问题，因为如果长久地在家办公，员工还是会尽力为自己准备相对舒适的办公环境，并且安排好自己的三餐。所以我认为沟通协作、家庭因素和时间管理是比较需要关注的问题。我格外关注的是沟通协作，因为这不仅是居家办公的时候需要应对的问题，而且是远程工作中都会出现的问题。并且，其他公司的一些研究所揭示的远程协作的最大问题也是这方面的。比如谷歌2019年所做的远程团队研究，发现远程协作最核心的困难就在于“建立联系”（establish connection），包括跨时区的日程安排，且视频会议也比面对面会议需要更多的努力。[①] 西门子于2012年所做的研究同样发现，被访者认为排名前三的困难是沟通中完全理解别人的意思（51%）、处理冲突（48%）、建立信任和关系（45%），这些都

① Gilrane. Working together when we are not together [EB/OL]. (2019-04-04) [2021-02-01]. https://blog.google/inside-google/life-at-google/working-together-when-were-not-together/.

是和沟通协作密切相关的。[①]

就业市场会是平台和大企业并存

因为人手紧缺，部分劳动密集型企业在2020年出现了“共享用工”的现象，这种共享用工会向专业领域扩展吗？

廖卉：“共享用工”本身并不是一个新颖的概念。早在2014年，在LinkedIn上人力资源管理从业者们就有对此的讨论，只不过是疫情这个催化剂让“共享用工”得到了更多的关注与推广。

共享用工的本质是让员工在企业之间临时流动，实现人力资源的再分配，从而提升社会整体人力资源的优化配置。目前的具体表现为在这次特殊的疫情期间，一方面一些难以复工的中小企业因为要为员工支付基本工资而有很大压力，另一方面因为网购、外卖的需求猛增，配送员等职位出现大量空缺，通过共享用工这种方式，让员工在企业之间临时流动，实现人力资源的再分配，对社会经济的稳定起到助力作用。在这次疫情期间，大家都已经意识到了共享用工的重要性。如大家所想，在新零售、电商等领域，共享用工已经带来了很大助力，在物流、制造业等行业也有不少案例；未来可能还会不断发展。[②]

共享用工有其灵活性、快速性、低成本性等特征，这些都是它的优势，但是它也有临时性、不稳定性和适用范围的局限性。并不是所有类型的员工都适合采用共享用工的形式。目前来看，比较适合共享用工的岗位，工作所需的知识、技能、能力（Knowledge，Skill，Ability，简称KSA）大多数是通

---

① Siemens Enterprise Communications Global Research. The Untapped Potential of Virtual Teams[R]. Siemens Enterprise Communications, 2012.

② 中商产业研究院. 2020年中国共享员工行业市场前景及投资研究报告[R]. 北京：中商产业研究院，2020.

用的（general human capital，即所有的公司需要的都是类似的），而不是公司专有的（firm-specific human capital，即只对特定的公司有价值）。

每个岗位所需的能力都既包括通用能力，又包括公司专有能力，但比例不同。举例来说，一位产品经理所掌握的做产品的通用方法论、使用软件的技术，都是可以跨公司通用的。然而要在腾讯当一个成功的产品经理，还需要了解腾讯具体产品的前世今生、产品理念、用户状况，以及上下游的配合模式等，这些就属于腾讯专有的人力资本，如果跳槽到新的公司，就要从头学起。

因此，对于专有人力资本需求高的岗位，共享用工就不那么适合，因为企业需要花费很多时间去培养。而快递员、外卖员、网约车司机等标准化程度比较高的工作，即使在不同的公司，工作所需的KSA都是类似的，所以美团的外卖员可以无缝跳槽到饿了么，可能只需要花费半天熟悉一下系统就可以开始工作了。

因此，从这一理论来看，共享用工向专业领域扩展是有可能的，但前提是公司里开放的这样的岗位对企业专有人力资本的需求比较少，比如说现在有一些外包的设计工作、开发工作放到外包平台上，设计师和程序员们可以自行认领。虽然这些工作专业程度很高，但都已经把需求标准化，员工不需要了解上下文就可以直接用自己通用的专业技能开始工作。

我们还需要注意的是，在享受共享用工带来效率提升的同时，也要考虑法律、伦理、人文等因素，目前，全国各地已经出了不少保障良好共享用工模式的政策和规范，相信通过研究和实践，规范会进一步明确，使共享用工可以有序发展和推广。

随着越来越多的行业、细分领域出现一些平台型公司，就业的模式也正在从原来分散的“企业 + 个人”模式，向“平台 + 中介 + 个人”的模式转变。您怎么看平台介入对整个就业市场的影响？未来的组织会走向平台化和小型化两个极端吗？

廖卉：在不同领域出现的平台型公司，使就业市场产生了新的工作模式。不同于传统的雇佣关系，员工不再与企业签订严格的劳动合同，可以灵活安排自己的工作时间、工作地点，甚至选择是否工作，呈现出雇佣关系灵活化、工作碎片化、工作安排去组织化等特点。

现在大家比较熟知的平台有互联网电商平台、直播平台等。首先这些平台都创造了较大的就业量，不仅是平台所需要的就业，还有衍生岗位，总体上提高了就业率，降低了结构性失业风险，承担了就业蓄水池的作用，使更多的劳动者可以为社会创造价值。然后平台或中介给员工和企业提供了一个消息交流的场景，从而提升了社会整体人力资源分配效率。在就业市场，平台或中介的介入，一定程度上消除了企业和个人之间的信息差，企业可以找到更适合自己的人才，而人才也可以找到自己更向往的公司和办公条件，使得个人和岗位的匹配变得更有效率。平台因为突破了空间和时间的限制，增加了员工就业的灵活性、自主性，更进一步保障和促进了上文所提到的共享用工模式的发展。①

平台虽有其独特的优势，但相比大企业也有一定的局限性。在多数平台型企业中，由于劳动关系的松散性，平台型劳动者可能没有得到完备的社会保障，如何完善平台型就业者的劳动保障是一个值得关注的重要议题。我们

---

① 曾湘泉．中国就业市场的新变化——机遇、挑战及对策 [EB/OL]. (2020-04-10) [2021-02-01]. http://finance.sina.com.cn/zl/2020-04-10/zl-iircuyvh7022335.shtml.

要防范可能的基于平台产生的违法劳务行为，明确平台的规范，构建和谐的劳动关系。

相比于平台，企业有其独特优势。过往的学者从多种视角诠释了企业存在的原因，也为我们预测未来组织的走向提供了洞见，比如交易成本理论视角、团队效应、规模经济等。我们会看到企业这种形式有其存在的价值，和平台型就业各有其适用的场景范围。比如，平台就业的形式可能适用于门槛低、该类劳动力供给较大、较为同质的场景（司机、直播主播），签约、谈判、议价成本、监督交易成本、违约成本都较低；就工作性质而言，适合相对独立的任务，不需要大规模的团队长时间在一起合作。同时大企业有其在就业市场上建立起来的信誉，可能使员工更加信任。大企业的存在整合了资源，给社会整体科技创新与突破带来助力。所以未来的就业市场可能是平台和大企业共存的局面。同时，对于公司的发展方向来说，从过去擅长做某些领域和事情的团队，演变成一个面向未来、有优秀的技术工程能力来搭建一个平台的新型团队，对公司提出了更高的要求。

科技应用中，要给人文关怀更多比重

科技因素在人才的全流程管理中，也在发挥重要的作用，它可以使人才发挥更大效率。但这种对效率的追求，也引起了一些争议，比如亚马逊通过将AI应用到仓库管理中，来帮助提升效率，但被部分工人称为“AI监工”，国内也出现了外卖平台配送员为满足系统设定的时限要求，而出现违规、事故高发等情况，您怎么看科技在人力资源管理中所发挥的双面作用？

廖卉：亚马逊的“AI监工”确实是一个体现科技双面性的好例子。首先，对于亚马逊公司来说，将AI应用到仓库管理中的初衷是为了提升打包效率并控制成本。在引入“AI 监工”之前，每个员工每小时大约能打包 100 个包裹；而在引入“AI 监工”后，这个数字翻了 2~3 倍。在年底的节日期间，数以万计发往全国各地的订单进入亚马逊仓库后，亚马逊可以只用以往数量 80% 的工人来应对。亚马逊的“AI 模式”精确到什么地步呢？每一个包裹打包时需要的胶带的长度都是精确计算好的。

对于员工来说，亚马逊在使用 AI 时其实也有为员工考虑的地方，比如 AI 可以确保打包工人遵循了公司制定的安全准则。打包工人离危险区域太近时，AI 就可以及时报警并要求工人远离。AI 还可以帮助员工计算最短的取货路线。在其他公司的仓库里，打包工人们每天都需要走上几公里路来寻找不同的货物，但是亚马逊却可以通过算法让工人们减少奔波。

但不得不承认的是，“AI 监工”确实也引发了大家很多的吐槽，引起了反感。有员工抱怨说“AI 监工”这种监督他们工作量和工作时长的方式给他们带来了极大的工作负担。“AI 监工”让员工觉得这就是一台冷血的监工机器，让员工得不到充分的尊重，也可能会涉嫌侵犯员工的隐私。所以我们需要进一步强化科技的“人性”。亚马逊打包工人们的抱怨，外卖小哥因为外卖系统不够人性化的算法而疲于奔命甚至遭遇车祸，都是在警醒我们，将效率凌驾于人文关怀之上，将给员工带来痛苦。

因此，在追求效率与人文关怀的平衡中，我们需要赋予人文关怀更高的比重，这样才能避免发生类似外卖小哥“困在外卖系统中”的困境。要通过技术上的进步实行更人性化的管理制度。科技向善是一条需要我们不断反思、不断完善的道路。

AI 算法在人才管理工作领域也发挥着越来越重要的作用。因为科技的两面性，我们必须秉持科技向善的理念，使用好科技这把双刃剑。

首先将 AI 技术应用于人才管理领域有其有利的一面，将 AI 算法应用于人才管理全流程的各个环节，包括招聘、培训与发展、绩效、薪酬福利、员工支持、人员保留等，都已有一些成功案例。以将 AI 算法应用于招聘环节为例：在编写职位描述（Job Description，JD）环节，IBM 通过自然语言处理（Natural Language Processing，NLP）技术来帮助 HR 编写不同语言、无偏见的职位描述；在人岗匹配环节，结合 AI 自动分析文本内容、言论匹配、大数据性格分析等技术帮助 HR 快速挖掘、发现候选人，然后推荐给对应的面试官。比如 IBM 开发了 IBM Watson Recruitment（IWR）解决方案，通过机器学习结合简历中过往经历、社交网络留言、情绪倾向、面试评价等，预测候选人入职后的工作表现和稳定情况，帮助招聘人员快速筛选、匹配合适候选人；在面试环节，谷歌、百度有基于应聘者特征的自动提问，IBM 和联合利华利用 AI 技术，通过视频来对候选人的信息和理解判断能力进行捕捉和分析；在招聘客服环节，AI 招聘机器人可以帮助招聘人员回复求职者在招聘中可能会提出的问题，提高效率。

在腾讯的招聘端也有一些成功应用，以招聘小助手为例，其集成了文本分类、智能推荐和搜索、实体抽取、相似简历、人岗匹配等技术，可以对简历中的关键信息进行快速抽取，然后推荐给可能需要的面试官，且会根据面试官的需要，智能推荐相似的简历，实现更高效的人岗匹配。这些功能减少了招聘流程中的信息不对称问题，提高了匹配率，节约了筛选成本。

AI 已经在一定程度上提升了招聘环节中的候选人体验（提升灵活性，增加公平性，减少人的偏见，反映了公司的科技文化品牌），提升了招聘效率［比如 IBM 使用招聘机器人 WCA 后，招聘时间大大缩短，净推荐值（Net Promoter Score，NPS）增加了 1 倍］。

AI在人才管理领域的应用绝不局限于招聘环节。目前，腾讯HR管理体系中的AI能力中心已经集成了智能推荐、智能搜索、文本分类等技术，除了应用到招聘环节中，还有智能对话机器人、发文系统、人力资源门户等具体应用场景，方便了员工的日常工作需要，也提升了人力资源部门的整体工作效率。

此外，腾讯人力分析（People Analytics，PA）研究室目前也在应用AI技术，将诸如人工文本编码、通用文本分词、无监督文本主题提取、文本情感倾向计算、文本相似度等技术运用到研究环节中，并取得了一定的成果。我们在使用算法做人力资源数据相关的模型和分析时，人性化的关怀一直是我们的底线和根本。比如我们通过对于绩效评语的关键词分析，发现腾讯的高绩效员工有积极主动这个特质；通过对于绩效评语情感倾向的研究，对管理者如何写好评语提供一定的借鉴和指导；又比如，与薪酬福利部门合作，我们对员工使用公司内各项福利的数据做分析，通过数据和算法去分析什么因素可能会影响到员工对福利的使用，不同的人群会不会有不同类别福利的诉求，最终我们希望可以通过我们算法的分析为员工提供符合个性化需求的福利选项。

我们需要意识到的是，人工智能虽然已有60多年的发展历史，但是目前仍旧处于弱人工智能的时代，其被用来解决特定的问题，特别是AI在人力资源领域的应用还有不少局限性。（1）数据标记：我们必须获得足够多的样本，并获得人事专家对这些样本的标注，所以有样本量的问题，且人工标注是昂贵的。（2）原本的数据存在缺陷：在训练中使用招聘决策的样本数据时，无论该决策是由个人、小组还是机器辅助做出的，决策本身可能都不是完美的，且我们可能无法通过历史数据获取未通过招聘的人群中该招聘的数据，这些最终可能导致训练出来的模型不能全面地反映真实情况并很好地为未来服务。

（3）潜在偏见：人类可能存在固有的偏见，导致创建、训练的模型和系统存在偏见（例如，此前发生了几起明显带有性别偏见色彩的案例，包括能够识别性别的计算机视觉系统，其在识别女性时发生的错误率更高，尤其是对于那些肤色较深的女性）。（4）难以解释：本身可能是黑箱模型，所以可能缺少业务解释性。

若具体到上述的招聘环节中，可能会存在的更具体的一些问题如下。（1）表面有效性：如果求职者不能理解他们面对的测试或工具，不认为结果是有效的，更有可能提出诉讼或索赔。（2）透明度：求职者不知道自己正在被 AI 筛选，可能无法确定考核的内容、指标是什么。（3）过度夸大：供应商有时也存在过度夸大 AI 有效性的问题。美国联邦贸易委员会正在审理一起诉讼，指控一家使用人工智能的视频面试供应商一直在做虚假广告，也没有遵守最佳实践。

当然，即使 AI 算法目前有其局限性，我们也不能因噎废食，因为将 AI 算法应用于人才管理领域有其必要性和重要性。

第一，人力资源数据沉淀的准备：技术的发展使数据的获取、存储更便利，可用的数据在不断增加，尤其是沉淀下来的客观行为数据，成为一个亟待发掘的宝库。而其中又有大量的非结构化数据，传统的分析方法可能已经不能满足需要。第二，技术日渐成熟的准备：网络分析、大数据技术及深度学习在营销、市场、财务等领域正在被广泛应用，并且被证明了价值，那么我们也可以在人力资源领域应用，以期有好的成果。第三，实时数据看板的需要：使用 AI 技术可以对实时数据进行呈现，能够帮助我们更好地了解公司现状。第四，预测分析的需要：数据中不仅包含着历史信息，也同样蕴含着关于未来趋势的信息，AI 技术可以在一定程度上帮助我们从数据中获得一些对未来的洞察。

所以，我们需要时刻认识到 AI 可能是一把双刃剑。每当我们将一项 AI 技术运用到实际的场景中时，不应该只片面地看这项技术的落地可以带来哪些短期效率的提升，更应该全面地看如何更好地避免 AI 可能带来的负面影响，以此才能使 AI 更好地发挥价值。

“向善”是创新的底线、动力和最终目的

面对科技尤其是人工智能带来的挑战，不同的公司都提出了应对办法，比如微软发布的人工智能伦理原则、腾讯将科技向善写入新的使命愿景。从您的视角来看，怎么更好地促进这些原则、理念与创新融合?

廖卉：科技是一把双刃剑，是大家一直都特别关注的话题。在不断发展技术的同时，也要善用技术，做到“科技向善”。向善其实体现在创新的各个环节中，是创新的底线，是创新的动力，更是创新的最终目的。

向善是创新的底线。2017 年 1 月初举行的“Beneficial AI”会议上建立了“阿西洛马人工智能原则”，共同达成了 23 条人工智能原则，被称为人工智能发展的“23 条军规”；但是很多人也认识到，目前 AI 的很多问题还缺乏广泛的共识，还需要进一步探索。[①] 且因为 AI 正在不断发展，相应的原则规范也应当一并发展完善。[②] 腾讯研究院在 2017 年也提出了人工智能发展的六大原则：自由、正义、福祉、伦理、安全、责任。腾讯研究院院长司晓表示：“在遇到新技术时，以往的方法是技术先发展，等到技术成熟之后再制定规则，

---

① Jobin, Ienca, Vayena. The Global Landscape of AI Ethics Guidelines[J]. *Nat Mach Intell*, 2019(1): 389–399.

② 王静姝 . 过去一年，全球关于人工智能伦理有了这些思考 [EB/OL]. (2019-02-28) [2020-02-01]. https://www.tisi.org/5063.

但是对于AI，可能要规则先行。”由此可以看到在这个领域，我们可能要先制定向善的原则，明确创新的底线，以守正出奇，不逾矩，行长远。

向善是创新的动力。沃顿商学院亚当·格兰特（Adam Grant）教授2011年发表在国际顶级管理期刊《管理学会期刊》的一篇文章称，人的内在动机（intrinsic motivation）本身并不一定能激发创造力；但如果这个人同时又有另一个强大的情感动力源泉——亲社会动机（prosocial motivation，即“向善”的一种表现）的话，就会显著提升其创新创造力。[①] 这是因为具有亲社会动机的人，更加能够从他人的角度出发，敏锐地发现并有强烈的意愿去帮助解决他人所面临的实际问题，从而将自己创新的内在动力真正转化为对他人有价值的发明创造。“The necessity of others is the mother of innovation”也可以理解为“向善乃创新之母”吧！同理，以科技向善为使命的企业，从社会、用户、客户等角度出发，通过科技创新提升体验、解决问题等，从而让员工明确了创新的意义、方向和途径，为创新提供了重要的情感动力。

回顾业界，也有诸多实践案例通过向善来驱动科技创新。例如Facebook不但拜访、了解用户，还让后端的开发了解到他们的工作如何让用户与家人、朋友重新建立起联系；微软鼓励开发人员亲身参与用户新产品的测试。这些都是企业提升员工向善动力的良好做法。上述提到的向善驱动创新的研究者格兰特，也提出了5个实务上的建议，协助企业推动向善思维：（1）创造让员工了解、接触用户的机会；（2）搜集用户故事，让员工知道使用者的感想；（3）通过数据反映用户真实想法；（4）邀请员工分享创造产品的故事与理念；（5）让员工自己也成为用户。

---

① Grant, Berry. The Necessity of Others Is the Mother of Invention: Intrinsic and Prosocial Motivations, Perspective Taking, and Creativity[J]. *Academy of Management Journal*, 2011, 54(1): 73–96.

通过与用户、社会的连接，员工会加深自己的向善思维，也进一步驱动员工为他人创造价值。腾讯自身也不乏相关作为，例如之前微信支付除了在国内的不断发展和完善，也已经在第三世界国家（如哈萨克斯坦、马来西亚、印度尼西亚等）开通支付功能，在那里打工的华人可以把钱快速汇给国内亲人，用来改善亲人的生活，这种向善带来的创新为异国华人和当地人都带去了便利。

2020年初，在疫情下，腾讯上线了全球战“疫”信息平台，通过这个平台，用户可以使用疫情科普、疫情自查、疫情图跟踪、问诊等功能。向善带来了进一步的创新，腾讯云推出国际“抗疫”服务包，企业、医疗机构、政府等都可以进行应用。腾讯会议国际版VooV Meeting也已经上线了100多个国家和地区，更好地帮助了企业、教育机构、医疗机构进行远程工作。这些都是非常好的向善驱动创新的实践案例。我们可以从过往的实践中，不断反思、学习与成长，让向善成为员工创新的动力。

向善是创新的最终目的。在日常工作中，我们每天都在享受着科技产品与服务带来的效率与便捷，随着更多新技术的应用，科技也将进一步在整体上提升我们的幸福感。腾讯首席探索官网大为（David Wallerstein）在2018年腾讯WE大会上就曾率先提出，腾讯将打造“会救命的AI”，并利用AI技术解决地球级挑战。“科技的发展必须用于解决地球所面临的最大挑战。我把它称之为FEW，也就是食物（food）、能源（energy）和水资源（water）。这些问题是人类未来需要面对的最重要、最基础的问题。”腾讯AI也早已开展在农业方面的探索。腾讯AI Lab的专家开创性搭建出农业人工智能系统。这个系统提高了农产品的产量，提高了自然资源利用率，降低了传感器成本。当然，这并不是说只有解决人类的大问题才叫善，才是创新的目的。想他人所想，急他人所急，不以善小而不为。只要是站在客户/用户的立场，通过产品和服务满足其需求，解决其问题，让其工作更加迅捷高效，让其生活更加便利多彩的，都可以称之为善，都是科技创新的目的。

在人才管理领域的实际工作中，除了将科技创新进行应用，我们也一直在研究如何在我们的数据洞察和研究工作中秉持向善的原则。在自身工作中，我们一直坚持要更审慎地选用数据，注意数据和指标质量，使用高质量、噪音小的数据和指标；要提升有效性和公平性，由I/O心理学等领域专家和机器学习工程师共同构建公平有效的工具；要持续进行工具效果分析，持续验证工具是否有偏见及是否会造成不利影响；要知会同意，即对被使用AI分析的人保持高度透明，人们应该能够知道他们正被人工智能筛选或考评（比如美国马里兰州有一项待通过的法案，要求视频分析必须获得应聘者的同意，如果应聘者不同意，企业就不能使用视频分析，特别是面部分析）；要增加模型透明度，尽可能地展现并使人明白AI的决策历程；要关注可解释性，即明确AI用于实际业务后可能产生的影响，让业务人员对于黑箱模型有个基本的认知和理解；要厘清角色，通过人工智能的辅助作用，帮助而不是完全取代人做出更好的决策。

在和外部的AI供应商交流时，我们要确认研发团队中是否有受过统计学、计量学、管理学、法学、心理学等全面的专业训练的专家，以站在劳动法规、员工、公司的角度，通过数据研究及检验AI工具，谋取综合效益最大化；要确认数据来源和算法是什么，是否真正理解样本和方法，是否有对工具的有效性和公平性做持续审核，有无评估过使用过程中的可能不利影响，是否与向善的原则相左。

我们希望人工智能在人才管理领域的创新可以实现员工和公司的双赢。对于员工，AI技术可以帮助他们发现更适合他们的工作，更有效率地解决日常工作中的烦琐问题等。对于公司，AI 技术可以帮助管理者做更多、更细致的决策，做更科学化的管理。比如，面对公司内部众多垂直业务机器人需求，以及外部各大产品逐渐形成的最新的 HR 机器人解决方案趋势，腾讯 HR 科技中心的 HR 智能提效解决方案课题将通过识别业务场景，解耦应用，运用 NTS 能力中心的多个平台能力，结合企业微信助力业务提能提效，为大家解决 HR 业务场景中的实际工作问题。在实现双赢的路径上，我们一方面要始终强调和宣传科技向善的使命愿景，让大家可以充满善意地去使用技术；另一方面也需要在工作中用实际行动避免 AI 的局限性，并且制定相应规范，对如何使用技术做更严格的基本指引。

您在之前的分享中也提到，在一些科技公司的人力资源管理中，在不断尝试通过数据分析的方法，去找到符合一个企业文化、理念的优秀人才的“核心特质、核心行为和技能等方面的特征”，如果我们把科技向善看作一种特质，该如何去识别这样的特质和行为？

廖卉：首先我们需要回答 What（什么）的问题，也就是“科技向善”作为一种特质，它指的是什么？在腾讯文化出品的《腾风破浪》一书中有一句话：“科技是一种能力，向善是一种选择。”因此，如果要把“科技向善”作为一种特质，实际我们想了解的是，什么样的个人、团队、组织会做出“向善”的选择。

那么，什么是“向善”呢？

Martin（刘炽平）说：“兼顾商业价值和社会价值。”张小龙说：“对用户的态度是善良的，而不是套路的。”Pony（马化腾）说：“构建数字时代正确的价值理念、社会责任和行为规范，共建健康包容、可信赖、可持续的智慧社会。”

从高管的发言中，我们可以看到他们对“向善”的一些态度和看法。而这些其实和管理学界的一些概念不谋而合。比如，关于引领企业整体、全体员工向善，学界类似的概念有：企业社会责任（Corporate Social Responsibility，CSR），指的是公司会采取一些超出利益和法律要求的行动，以促进社会利益；整体促进向善的文化/氛围，包括商业伦理/道德（Business Ethics/Morality）、组织公平（Organizational Justice）、安全氛围（Safety Climate）等；管理者正直决策、态度、行为等特征：如道德型领导（Moral and Ethical Leadership）、真诚型领导（Authentic Leadership）、是否值得信赖（Trust Worthiness；而Benevolence，即对他人的善意，是赢得信任的重要因素之一）等；员工向善的特质、行为，如亲社会动机（Prosocial Motivation）、正直（Integrity）、同理心（Empathy）、组织公民行为（Organizational Citizenship Behavior，OCB）、利他行为（Altruism/Prosocial Behavior）等。此外还有“向善”的反面，例如反生产行为（Counterproductive Work Behavior，CWB）、黑暗性格（如自恋、马基雅维利主义等）。

回到什么样的员工更加能够“向善”这个问题，心理学家和管理学家已经做出了很多探索。例如，研究发现，具有某些人格特质的人更加有可能做出向善的行为。比如说，大家所熟知的大五人格（Big Five）模型中的“宜人性”（agreeableness）就是亲社会行为的一个预测指标。在基本人格上，宜人性高的员工更加关心他人的福祉，也相信自己能够敏锐地察觉他人的需求。因此，他们更加愿意也更加有能力去“向善”。[①] 诚实–谦逊（Honesty–

① Caprara, Alessandri, Eisenberg. Prosociality: The Contribution of Traits, Values, and Self–efficacy Beliefs[J]. *Journal of Personality and Social Psychology*, 2012, 102(6): 1289.

Humility）人格也是“向善”的有效预测指标。诚实–谦逊人格指的是这样一种性格特质：真诚（sincere）、诚实（honest）、忠诚（faithful）、谦逊（modest/unassuming）、公正（fair–minded）。研究发现，具有诚实–谦逊人格的人更加有可能做出亲社会行为。①

什么样的团队更容易向善呢？与个体类似，研究发现那些亲社会动机很高的团队更容易去“行善”。团队的亲社会动机指的是所有团队成员都希望通过努力去造福他人。我们知道，团队的一个优势就是通过个体所不能实现的整合与连接，来实现单个个体无法实现的目标。一个发表在《管理学会期刊》上的研究发现，那些亲社会动机高的团队成员之间合作更好，因此也更可以群策群力地去实现造福他人的目标。② 此外，上级的作风与行为会直接影响团队的氛围与行为。当上级身体力行地展现出诚实、谦逊、无私、柔韧等上善若水般的领导风格时，会更好地影响团队成员向善。

组织的向善是一个更复杂的现象。在众多关于企业社会责任的研究中，我认为一个比较有启发意义的发现是，当组织将使命和价值观与社会责任感紧密地结合在一起的时候，组织在社会责任上就会有更多的担当。研究还发现，如果一个组织的文化强调以人为本（“善”的一种表现方式，即关注他人的需求，愿意回报他人，并且让人们参与到那些与他们相关的决策的讨论过程中），那么它就更有可能去承担起自己的社会责任。③ 这个研究中的社会责任符合我们广义上对于“善”的定义：它指的是面向客户、员工和公众的在经济、

① Hilbig, Glöckner, Zettler. Personality and Prosocial Behavior: Linking Basic Traits and Social Value Orientations[J]. *Journal of Personality and Social Psychology*, 2014, 107(3): 529.

② Hu, Liden. Making a Difference in the Teamwork: Linking Team Prosocial Motivation to Team Processes and Effectiveness[J]. *Academy of Management Journal*, 2014, 58(4): 1102–1127.

③ Maignan, Ferrell, Hult. Corporate Citizenship: Cultural Antecedents and Business Benefits[J]. *Journal of the Academy of Marketing Science*, 1999, 27(4): 455–469.

法律、道德及其他方面的责任，比如说密切监控并防止企业行为可能给大众带来的危害及向公众披露必要的产品信息。回到腾讯，公司对于“科技向善”的倡导与追求，就是在组织层面上将“善”植入自己的使命和价值观中。这是非常有意义的一件事情。我也相信，“科技向善”将会引导腾讯持续将科技创新与大众的福祉相结合。

总的来说，“向善”这件事不仅仅依赖于员工的行为和特质，也会受到组织和团队的引导。因此，我们在研究向善时，不仅要看员工自身的价值观、特质、行为，还要看其所属的环境。

以上概念有比较成熟的量表，可以帮助我们把“向善”具体到特质、行为、环境。当然，已有的学术研究可能并不完全匹配我们的情况。我们还可以走入广泛的员工和管理者团队中去，去听听大家心中符合“科技向善”的行为、案例、故事是什么样的，不符合“科技向善”的行为又是什么样的。收集了大家的观点后，我们可以做非常扎实的文本研究，看大家提及最多的、最被普遍认可的“科技向善”行为是什么，与之相关联的团队机制、团队文化、管理者行为又是什么，以丰富我们的“向善”系列量表。

除了传统的量表，我们还可以用一些实时、客观的行为数据、社交网络数据等，去捕捉员工的助人、知识分享等组织公民行为。或者用一些更轻量的方式，例如员工之间互相为“向善”行为点赞，来收集日常工作中的善思、善言、善行。

简而言之，我们可以通过多种测评工具和方法去识别和记录与向善有关的特质和行为，去定性、定量地综合研究促进向善行为的环境、机制、文化，并将研究发现应用到管理与赋能中。

曾毅 ｜ 如何阻止人工智能犯“低级”错误

近年来，全球各个国家、国际组织、企业纷纷发布了人工智能伦理或治理原则。欧盟人工智能战略的三大支柱之一即是确保欧盟具有与人工智能发展和应用相适应的法律和伦理框架，并已发布了人工智能伦理指南。中国的人工智能治理顶层政策文件《新一代人工智能治理原则——发展负责任的人工智能》也已由科技部发布。在此背景下，科技企业也积极探索人工智能伦理问题的应对方案。

当我们谈人工智能伦理的时候，它和普遍意义上的科技伦理有哪些差异？中、美、欧盟等国家和地区在人工智能治理方面有何异同？企业在推进人工智能伦理机制时，又该如何落地？带着这些问题，我们访谈了中国科学院自动化研究所类脑智能研究中心副主任、科技部新一代人工智能治理专业委员会委员曾毅教授。

曾毅教授为中国科学院自动化研究所研究员、类脑智能研究中心副主任、中英人工智能伦理与治理研究中心联合主任、中国科学院大学岗位教授，同时兼任北京智源人工智能研究院人工智能伦理与可持续发展中心主任、科技部新一代人工智能治理专业委员会委员、科技部新一代人工智能发展研究中心首批专家、联合国教科文组织人工智能伦理特设专家组专家、世界卫生组织健康领域人工智能伦理与治理专家组专家等职务。其研究领域包括类脑智能、人工智能伦理与治理、面向可持续发展的人工智能。

创新动力激进，伦理问题思考不足

在 2020 年抗击疫情的过程中，人工智能在各个领域发挥了重要作用，如影像诊断、新药研发、公共管理等。您怎么看这些特殊场景对人工智能应用及未来行业发展的影响？

曾毅： 首先，我认为疫情的发生给人工智能的创新带来了一个全新的思考维度，就是很少有人工智能产品和服务在设计之初就设想了有一天要让它终止。我们想得更多的是颠覆性技术给生活带来的改变，怎么持续性地影响生活，产品生命周期越长越好。

但是疫情期间，很多用于抗疫的人工智能产品，不管你愿不愿意，它们都获取了大量个人信息。而在疫情结束之后，或者说疫情防控不再需要的时候，它就有极大的概率被下架。这种人工智能产品周期的确定性设计，提醒了从业人员应该去进行负责任的产品研发，所以这带来了一个新的思考视角。

其次，我们也看到，疫情期间技术创新的动力很足，但是人们对潜在的技术和伦理风险的关注不够。目前人工智能技术的应用主要集中在大数据分析技术上。疫情期间，它的应用十分广泛，主要集中在智能测温、预测病毒和分析病毒的结构、筛选药物、外呼中心、小区门禁等。

然而在应用过程中，我们可以看到每一个应用都有潜在的技术和伦理的风险。特别是在疫情这样一个特殊的应用场景中，在公共卫生、健康应急管理的特殊时期，技术和伦理的风险其实更突出。因为人在这期间是非常敏感的，整个社会也是非常敏感的。

技术的安全性带来的问题，有可能加剧早已存在的社会风险，或者将这些社会风险敏感化、扩大化，所以我认为技术创新者，在公共健康危机管理的重要时期，做出负责任的创新显得更为必要。目前来看，业界技术创新的动力是比较激进的，但对技术创新可能带来的社会问题和伦理问题的思考明显不足。

我们现在谈的人工智能伦理和之前工业时代的科技伦理有哪些本质的差别，或者说影响的方式有怎样的不同?

曾毅：以前谈科技伦理问题时，新的技术基本上不会成为责任的主体，所以相关的伦理问题会十分相似。人工智能带来的新问题是什么？即使没有人工智能，数据伦理的这些问题仍然无法回避。但人工智能带来的不只是数据伦理问题，比如模型的安全性问题。模型的安全性是由模型内部设计问题引起的，而人工智能模型被广泛应用于预测和决策，甚至在某些场景下人类决策会依赖人工智能，这就属于人工智能带来的特定伦理问题。另外，人工智能在发展的过程当中，在一些场景下已经开始被赋予责任主体的角色。

比如说在专利申请上，现在已经开始讨论，如果是以人工智能系统为主进行的发明，能不能让人工智能系统成为受益的主体。我认为这个问题的症结点不在于人工智能是否可以作为一个责任主体，而在于如果人工智能成为知识产权的受益方，那么谁真正享有这些利益，谁又应该来承担责任？知识产权的核心是，利益的享受者也应该是责任的承担者。

如何让人工智能系统承担责任呢？这可能不是现阶段人工智能伦理问题讨论的焦点，但是未来更多的人工智能伦理问题涌现时，这就会成为非常核心的问题。在这个问题上，我们可以参考日本的经验。日本的伦理原则中写明，如果人工智能在未来成为社会的准成员的话，它必须遵循所有的人类社会的规范。

日本把人工智能构造为社会的准成员的愿景，其实就是在适当的发展阶段到来后将人工智能视为某种程度上的责任主体。在人工智能成为责任主体之前，我们就必须做好负责任的设计，这样才能更好地应对未来人工智能带来的新的伦理挑战。

人工智能为什么会犯“低级”错误

现在很多人提及人工智能产品时经常会提到的一点是，其识别或判断的准确率，会比具有丰富经验的专业人士还高。但在大规模应用的情况下，这些看似很高的准确率会有哪些潜在的问题？

曾毅：虽然一些创新者会宣称人工智能的识别率或者说准确率已经远远超过专家的识别率，但我们要看到，绝大多数时候人工智能系统会犯的错误人不会犯。人工智能主要是通过大数据分析在行为上接近人的表现，但是人工智能解决这个问题的方式和人脑是完全不同的。

现代的机器学习和大数据分析是输入大量数据及预计的输出类型后进行拟合和数学优化的方法。但它工作的前提是数据能很好地描述现实世界。如果数据不能很好地描述世界，人工智能系统学到的东西就是理想化的，在面对现实问题时会发生很多错误，甚至产生很大风险。

比如说，把青蛙的图片改变一个关键像素，它可能就会被深度学习模型识别为卡车，但人绝对不会因为这种细小的变化而犯这种通常看来“低级”的错误。包括现在的自动驾驶也是一样，虽然自动驾驶在测试情况下犯的错误比人类司机要少，但在未来大规模普及的时候，它仍然有犯一些绝大多数情况下人不会犯的错误的风险（如众所周知深度学习模型在对抗神经网络攻击的情况下，会将“停止”的标志识别为限速 45 迈 / 时，约合 72 公里 / 时）。

因为人脑不光有举一反三的能力，而且在学习过程中是循序渐进的，从我们在母体开始，我们就在不断地学习，积累了大量的常识。这些常识在解决一个特定问题的时候会发挥很大的作用。

也就是说，经过长期的积累，人类在其他的场景下学到的常识和知识，会帮助人类解决特定场景的问题。虽然人工智能的研究中也在发展迁移学习的能力，但知识迁移的机制和能力明显与人类有巨大差异。此外目前人工智能通过收集特定场景的数据进行训练，但问题是有大量的“例外”是在这些特定场景之外的，这时候传统大数据分析的模型就不能很好地处理现实中的问题。

怎么理解大数据分析和人脑决策的主要差别?

曾毅: 人工智能的发展过程中有一个故事，跟我们现在的讨论非常相关。在人工智能这个领域被提出的达特茅斯会议上，当时唯一能够运行的程序是西蒙和纽厄尔创建的 logic theorist（逻辑理论家）。后来他们和合作者对这个程序进行了改进，更名为 general problem solver（通用问题求解器），应用于更广泛的问题求解。

关于这类通用问题求解器有一个非常重要的观点是，如果说现实世界的问题能够被人类转化为一阶谓词逻辑描述，该系统就可以解决所有的问题。但是大前提是现实世界的所有问题都能够被转化为一阶谓词逻辑来描述，这就需要进行形式化的建模。

然而，这个过程在人工智能后来60年的发展过程中可以说没有任何进展。还是以自动驾驶为例，如果它的传感器的类型是视觉类的，它学习过程的假设是任何一个后面的决策都可以从视觉上推出来。但是人不是这样的，比如说车启动了，突然有异样响声，即使什么也没有看见，人也会马上将车停下。

也就是说，在解决这类问题的过程中，模型做的是数据的拟合，是从输入到输出的一个映射，但是现实世界当中有大量的信息没有在它输入的编码表达范围内，这就会造成许多偏差和问题。所以很多看起来智能的信息处理方式，实际上并不是像人类那样去理解问题。

在计算机识别领域，人工智能模型训练好了以后可以达到很高的识别率，但如果你提供一个蓝色、红色、黄色、绿色像素随机组合的图像，它很可能会认为这是一张孔雀的图片。这是因为深度神经网络模型很多时候更看重局部特征，整体信息在模型决策过程中经常被错误地忽略。

如果大家对于人类决策和计算机决策区别感兴趣，还可以去参考丹尼尔·卡尼曼的著作《思考，快与慢》。

真正好的技术创新，要防止负面效应

我们应如何认识和规避人工智能的潜在风险？

曾毅：人工智能在发展过程中也会不断涌现新的潜在风险，几乎很难逐个理清楚。但这是我们更应为此付出更多努力的原因。1960 年，控制论的奠基人诺伯特·维纳在《科学》杂志上发表了一篇论文，其中有一句话的大意就是：我们最好能够确定我们让机器干的事情，是我们真正想让它干的事情。然而 60 年来人工智能的发展并没有给予他的睿智思考以足够的重视。

现在有一类不好的现象是，我们为了技术能够成为某种基础设施进而改变我们的生活，回避了技术潜在的问题。有些人认为人工智能的风险来自通用人工智能的威胁，但是在我看来，当下技术应用中存在的风险和安全问题就足以给人类社会带来颠覆性的影响。现在应用人工智能技术的门槛看似越来越低，但其实如果用一些不太完善的系统来搭建应用，很容易出现问题。所以安全问题的来源不光是技术的瓶颈，还来自在创新或者研发产品的过程中，人们为了降低成本，选择了安全性更低的技术。

因此，我觉得技术创新过程中有两个维度要加强。一方面，针对技术本身可能存在的风险和隐患，投入人力和物力，以负责任的态度应对，尽可能地解决已知问题。第二个方面是对产品创新中的风险和伦理问题，各方都要负起责任。现在大家都在讲多方治理，但多方治理并不意味着彼此可以推卸责任，每一方都应该为防范技术和伦理的隐患做出更多的、协同的贡献。

我们不仅仅需要强调多个利益相关方的责任，更应该强调的是在产品和服务创新的链条上面，每个提供商都应当试图解决自己的环节当中存在的风险，以承担更多的责任，避免潜在问题。假设一个产品涉及四个利益相关方，如果问题在某个环节被解决了，其他的环节当中即使有风险，整个产品及产品的应用也可以避免相关的风险。

最近我们在拟定一个关于脑机接口和增强智能的伦理的原则，当中提到应当防止脑机接口和增强智能设备被用作负面的目的。增强智能脑机接口是基于人类的身体在扩展和延伸人类的能力，涉及智能、运动能力在内的增强过程。真正好的技术创新就需要防止被用于负面目的。

有一种观点认为人工智能就像一把刀，厂商生产了刀之后，别人拿刀杀人跟厂商无关，所以如果有人用人工智能干坏事也与开发者无关。我认为这是借口，创新者做出这些增强智能的工具既然可以检测到人的行为目的，就应该防止可能对人造成伤害的事情发生，减少负面影响。

所以我认为，要逐步地提升技术创新者的责任，要求所有的技术创新者马上达到所有伦理要求可能不现实，但是如果对这些潜在的伦理问题置之不理，就会产生非常严重的问题。现在很多机器人会有一些模块来防止伤人事件的发生，而这些以前是没有的，这就体现了我刚才说的逐步地承担更多的责任。

我们发现关于人工智能，来自不同领域的专家的看法有所不同。技术领域的专家一般来说比较乐观，认为人工智能的问题会随着系统不断的迭代和完善得到解决。但是在社科或者艺术领域，学者们认为人工智能会带来很大的不可控性，他们感受到的技术负面效应更强一点。您的研究横跨技术和伦理两个领域，您怎么看不同的态度的对立?

曾毅：总体来说，两方面的说法都有道理。在理想的情况下，技术随着不断的迭代理应越来越好。但核心的问题是，技术的创新者是不是在负责任地进行迭代。如果技术的创新者试图回避问题，技术的隐患只是被暂时掩盖了，长期来看，这会给社会带来很多潜在的问题。

非直接的技术领域创新者，比如艺术家或者哲学家，如果他们对于人工智能的理解是来自电影或者科幻作品，他们看到的就可能更多的是恐慌、隐患和被替代时的无助。这种理解非常有助于前瞻性的思考，但与技术创新者的思考维度有明显差异，这或许能够部分解释为什么技术和社会科学专家的理解会相差这么大。

当然，作为技术的创新者，当把技术隐患说出来的时候，可能会使自己在技术创新群体中不受欢迎。但讲出这些实话，能够帮助公众认识到可能的负面影响，倒逼做技术的人去承担更多的责任。我认为应该把技术和科技哲学、伦理领域的思考深度结合起来，在结合的过程中，应该先讲后面这一类，就是认识到潜在的风险和隐患，然后采取更负责任的设计、研发、使用、部署和迭代，让技术发展得更好，这样才能够使技术得到更广泛的应用。

作为技术的创新者，我们不应当回避可能存在的技术的风险和已知的伦理隐患。哲学和社会科学的研究者、实践者和工作者，应当被欢迎且有责任理解现代技术当中可能存在的风险，与技术人员去互动，并且提出一些建议。有远见的哲学与社会科学的学者应该与有远见的技术创新者共同去研究人工智能存在的技术风险和伦理隐患。

2018 年，剑桥大学启动了一个项目叫作“实现通用人工智能的不同路径和相应的风险”（Paradigms of Artificial General Intelligence and Their Associated Risks）。这个项目是生命未来研究所支持的一个项目。这个项目邀请了各个领域的专家参与讨论，我担任这个项目的顾问委员会委员。我对这个问题的看法是，实现通用的人工智能的不同路径所带来的风险，不是风险等级不一样，而是风险类型不一样。使用不同的技术路径实现通用人工智能，可能存在的风险是有差异的。所以我认为这个项目真正要做的事情是，不管用哪一种路径实现通用人工智能，都应该厘清相关的风险和伦理问题。

伦理原则的务实技术落地

2019 年，学界、行业和国家层面都相继发布了人工智能相关的治理和伦理原则，您怎么看这些原则、规范发布之后的影响?

曾毅：2019 年学界和行业联合发布了《人工智能北京共识》，国家层面发布了《新一代人工智能治理原则——发展负责任的人工智能》。这也是在日本、欧盟等国家和地区发布人工智能相关伦理原则后，中国学界、行业和政府层面的一个发声，阐述了我们在发展人工智能方面的原则和立场，也让国际社会对我们发展人工智能的愿景和方向有所了解。

《人工智能北京共识》主要论述了人工智能的伦理问题，也就是人工智能应该做什么，不应该做什么，既包含了国际人工智能治理中的共识，比如服务人类、负责任、控制风险，也有一些具有自身特色的概念，比如和谐发展和包容。这个共识发布后在热搜上的搜索量是500多万次。这500多万次浏览的人肯定不都是技术人员，有很多行业外的社会各界人士也在关注。这说明人工智能作为改善社会的工具，大众对其发展原则和规范都非常关注，这是好事。

《人工智能北京共识》也受到了西方媒体的广泛关注。当时《麻省理工科技评论》（*MIT Technology Review*）报道的题目是“为什么北京突然开始关注人工智能伦理”（Why Does Beijing Suddenly Care about AI Ethics）。我在和国际学术界及产业界同行沟通的时候发现，很多人也在读《人工智能北京共识》，非常想了解中国在人工智能治理上会怎么做。

《人工智能北京共识》总体来讲是产业和学术界的共识，不是政府文件，但它和科技部发布的《新一代人工智能治理原则——发展负责任的人工智能》的精神是一脉相承的。《人工智能北京共识》发布之后，有企业反馈，他们照着这个文件回去自查，发现有80%是符合的。我认为最关键的意义就在于剩下的20%，这个才是对企业真正有帮助的。既然企业已经做得很好了，如果继续去完善不足，人工智能治理的落地就很有希望。

人工智能伦理原则发布之后，应如何推进和落地？

曾毅：《人工智能北京共识》发布之后，也在多个方面推进原则的落地。例如我们通过北京的新型研发机构智源人工智能研究院和清华大学、北京大学、中科院及企业合作伙伴协同进行人工智能伦理与治理的技术研发。第一个开发的是数据安全保护系统，希望做出规范和开源的系统，可以复制和推广到行业。以图像数据为例，有了这个系统，技术人员可以看到图像，但是不能访问这个图像的源数据。这就相当于把用户的数据跟他们的真实身份信息在一定程度上分开了，分等级地保护用户数据。此外还有开发人工智能治理的公共服务平台、可用于学习人类道德伦理的神经网络系统，发布《面向儿童的人工智能北京共识》，这些都是在细化人工智能伦理原则的工作。

《新一代人工智能治理原则——发展负责任的人工智能》也会陆续出台很多落地细则。比如，现在科技部正在制定企业承担科技创新平台的评估机制，人工智能的治理原则会成为评估的一个维度。总之在伦理原则发布之后，肯定会陆续推出一些相应的配套措施，去推动真正落实。在这方面全球各个国家都会面临同样的挑战，国际上也有同行评价说，我们不要只问中国的人工智能原则是如何落地的，也要看欧盟和其他国家的人工智能伦理原则是怎么落实的。这是一个比较客观、综合的评价，也代表了国际上的一些产业界和学界同人的看法。

在推进人工智能伦理原则落地的过程中，有哪些痛点和难点?

曾毅：我觉得要真正实现落地既非常必要，又要逐个突破其中的难点。做技术落地有两个方面的难点，一方面在于技术人员怎么看待这些技术伦理，他们是否愿意为之付出努力。比如我刚才提到，需要找到技术团队去部署相关的项目，需要通过一些开放创新的平台进行负责任的研发。另一方面是伦理原则的技术可行性，这个是真正落地时必须考虑的问题。

欧盟的《通用数据保护条例》中有一条是如果用户提出删除个人数据的要求，公司就要响应。如果只是从数据库中删除一条数据，技术上是可行的。

但是如果要从人工智能模型中，特别是神经网络模型中删除数据的影响，目前技术上还做不到。这是因为数据一旦输入神经网络模型，所有的数据特征都已经被“学到”算法模型当中了。其中某条数据对于深度学习模型权重的影响，目前是无法删除的。

从这个角度来看，企业很难做到百分之百符合《通用数据保护条例》的规定。所以在我们的《新一代人工智能治理原则——发展负责任的人工智能》《人工智能北京共识》中，会考虑到一些原则在技术上实现的可行性，例如我们提到不断努力去提升系统的透明性，而不是必须透明可解释。

您认为在人工智能伦理原则上，目前不同国家之间有什么差异？

曾毅：我觉得最重要的其实还是价值观视角的差异，会导致不同原则之间的侧重有所不同。但我认为不同国家对于人工智能伦理的认识并没有根本性的差异，只是不同的国家强调的问题不同，跨文化的误解进一步放大了这些差异。这也导致当前在人工智能治理的国际合作推进过程中会有一些困难。

中国比较强调包容性发展和协作，在人工智能方面，很多问题不可能靠一个国家解决，应该去共享这些基础设施，去帮助中低收入国家。从国家层面，我们的政策是这么设计的，也希望引导企业往这个方向去发展。

关于人工智能治理中的国际合作，剑桥的研究员和我们一起写过一篇文章，题目是“克服人工智能伦理和治理跨文化合作中的障碍”（Overcoming Barriers to Cross-cultural Cooperation in AI Ethics and Governance）。这篇文章中的一个核心的观点是，不同国家或者政治文化背景的人，其价值观可能是不同的，但是大家解决问题的方法可以达成一致。我们没有必要去改变别人的价值观，争论什么是正确和不正确的，大家只要在解决问题的方式或者方案上达成了一致，就可以协作。

可持续的人工智能，要考虑对社会的长远影响

您之前也在报告里面提到人工智能的可持续发展。您怎么理解可持续发展的内涵，实现人工智能可持续发展的关键点是什么？

曾毅：其实联合国对于可持续发展的目标已经给出了很明确的定义。当然这是阶段性的目标，实际上可持续发展目标在制定的时候也是做出了妥协的。不同的国家对于可持续发展的理解不同，最终专家委员会也需要再去商议。所以并不是说超越了可持续发展的这些目标，它就跟可持续发展不相关。也不是说联合国提出的 17 个议题就是可持续发展当中的最重要的议题。具体到面向人工智能的可持续发展，我们关注的是人工智能作为一种使能技术（enabling technology），应当怎么去推动可持续发展目标的实现。通过人工智能推动经济、社会及生态可持续发展已经作为我国人工智能发展的愿景与理念写入《新一代人工智能治理原则——发展负责任的人工智能》。

谈到人工智能可持续发展的关键点，首先就是真正关心可持续发展目标实现的企业并不多。在产业里面，对于可持续发展可能有一些误区。在对可持续发展的项目进行评估时，有时候会要求专家去评估这个项目的商业模式是什么。我认为推动可持续发展的项目，可能不是要创造一个明星企业，解决一些发展问题也不一定只能通过商业去解决。有时候，可能要通过公益组织或者社会的基础设施，甚至是政府去推动才能解决这些问题。

客观来看，当企业讨论可持续发展时，绝大多数企业是希望通过可持续发展目标的议题找到自己的商业模式创新。相比之下，真正思考如何推动可持续发展目标实现的企业及其对社会的长远积极意义的，其实少之又少。所

以这是第一个需要去解决的问题。

我们刚才提到可持续发展目标是阶段性的目标，希望在 2030 年前实现。也就是说我们要思考在未来 10 年里，这些目标可以分几个阶段来实现，每个阶段要做到什么。在这个过程中，企业能够贡献什么，政府能够贡献什么，社会能够贡献什么？

但很多时候，企业其实只是打着可持续发展的“幌子”，做的事情并不可持续。比如在人工智能教育领域，有很多做智慧教育的企业，有些做法其实是与可持续发展目标相悖的。以教室里使用表情识别技术为例，这个技术改变了老师和学生交互的方式，会促使学生在老师面前表演，这是违背“学以成人”的教育规律的。

短期来看，这类技术或许在很特定的场景下能提高学生的成绩，但是并没有考虑到技术对社会长期的影响。而且这样的例子并不是个案，还有很多类似的例子。所以我们不但要鼓励人工智能贡献于可持续发展目标的实现，在这个过程当中也要去评估技术应用对于社会的影响，避免可能的负面效应。

其次，可持续发展理念跟商业利益冲突时，公司很难做出选择。一个公司可能非常认同可持续发展的理念，想要推进负责任的创新。但是遇到实际的问题时，公司还是会因为商业的利益，在做决策时做出牺牲和让步。在一个商业环境当中，这类事情很可能会发生。要解决这类问题，一方面需要帮助全产业意识到可持续发展的重要性，另一方面需要把可持续发展的工作做实、做好，形成行业范例供全社会参考。

此外，在推动可持续发展方面，企业还需要利用一些更中立和公益的平台去推动实践。比如我们成立了面向可持续发展的人工智能协作网络，目标是形成一个产、学、研界共同发声的平台。针对特定领域的伦理和治理问题，会由来自企业和学术界的专家形成一个工作组共同探讨。这样的一个公益平台，也为中国企业在国际上发声提供了渠道，促进了相关领域的国际合作。

伦理原则落地需要跨部门、跨学科协作

从您的视角来看，科技企业在内部推进伦理原则落地，该如何和技术、产品更紧密地结合？

曾毅：现在来看，如果研究伦理的团队跟技术创新和产品部门是分离的，伦理原则的落地是很困难的。所以我觉得最有效的方式是伦理团队与技术和产品团队深度合作。比如安排科技伦理研究员深入产品部门，从产品设计的阶段开始介入，在产品的整个生命周期里面都能够参与相关的研讨，可能是最有效的规避伦理风险的方式。

目前行业里也有一些措施，是在产品交付过程中进行伦理风险的评估，您怎么看不同方式之间的差异？

曾毅：这样比完全没有伦理风险评估要好，但是效果可能也不太理想。一方面，短时间内科技伦理人员对这个产品的理解其实是很有限的，可能无法识别出产品潜在的伦理风险。以人脸识别为例，科技伦理人员跟技术团队交流的时候，可能会问算法的识别率怎么样，以及是否存在偏差和偏见。技术人员的答案可能是，在测试环境中没有偏见。

实际上产品在使用的过程当中，人的发型、是否化妆等因素都会影响识别率。这个可能不是偏见，属于偏差。所以如果只是在交付环节进行评估，技术人员和伦理人员可能会忽视很多问题。如果伦理团队可以在早期介入，就更容易发现潜在的问题。早发现问题就可以早解决问题，这比用户发现之

后再反馈问题要好很多。

你提到的科技伦理人员需要怎样的专业背景和能力模型？

曾毅：我认为科技伦理是一个跨学科的问题，伦理研究员不能只有伦理学的背景。有一位图灵奖得主叫赫伯特·西蒙，他同时也是诺贝尔经济学奖得主。他有一篇文章叫《漫谈科学研究方法》，里面讲的是怎么做交叉学科的研究。他说如果只是把领域A的人和领域B的人放在一起，让他们互相交流，很难有真正交叉学科的成果产生。

他认为唯一可行的方式是让领域A的人具有领域B的知识，变成领域B的半个专家，领域B的人变成领域A的半个专家，这个时候来自两个领域的人，才能真正深度交流、发挥作用。只有当技术人员经过一定的伦理的培训，而研究伦理的人也进行基础的技术学习，这个时候再一起工作，才会更有效。

这种培训应该成为必要和必需，而不是可有可无的。2018年开始中国科学院大学开设了人工智能哲学和伦理的课程，课上有80%的学生是学工科专业的，20%的学生是学人文社科专业的，我觉得这样是比较好的一个比例。如果我开了这个课，90%的学生都来自人文社科专业，那就麻烦了。不是说人工智能伦理对于人文社科专业的学生来说不重要。他们关心这些问题、参与到人工智能治理的过程当中，这是一件好事。但是如果说工程技术人员听说人工智能伦理重要，但是不知道这跟他们自己有什么关系，更不知道如何让技术落地，那就特别麻烦。如果有一天，我们跟技术人员对话，他们对技术不会感到盲目乐观，那我们伦理教育的目的也就达到了。

另外，科技伦理的培训对于公司高层，特别是主管技术的高层也非常重要。如果公司的高层不重视伦理问题，那对于普通员工的培训恐怕也无法起到最佳的效果。理想的情况是，高管对于人工智能的伦理和治理的认知从“从未听说”变为“认为很重要”，再到思考“我们该如何行动”。如果高管们都开始思考如何让人工智能伦理落地，就是技术创新领域很大的进步。

陈晓萍 | 互联网公司管理大变革

2017 年，针对腾讯的价值观、管理风格、组织使命、创新机制等一系列问题，美国华盛顿大学福斯特商学院 Philip Condit 讲席教授陈晓萍女士对腾讯公司董事会主席马化腾先生进行了一次深入长谈。彼时，成立 19 年的腾讯跻身亚洲市值最高公司之列，马化腾亦入选当年《哈佛商业评论》的全球最佳 CEO 榜单。尽管当时科技向善还只是腾讯研究院内部的一个研究课题，但在这次访谈中，当被问及核心文化理念时，马化腾提到了两点——“一切以用户价值为依归”和“通过互联网服务提升人类生活品质”——这事实上已经蕴含了科技向善的精神内核，即“实现技术向善、避免技术作恶”。

这次访谈的内容，最终被整理成题为“腾讯的成年焦虑”的文章，发表在复旦大学管理学院与中国管理研究国际学会联合出版的《管理视野》杂志第九期。两年后，腾讯把企业使命愿景更新为“用户为本、科技向善”，这一理念的升级也凸显了在纷繁复杂的环境下，一家科技公司所做出的选择。一如马化腾在为《科技向善：大科技时代的最优选》一书所做的序中所写：“科技是一种能力，向善是一种选择，我们选择科技向善，不仅意味着要坚定不移地提升我们的科技能力，为用户提供更好的产品和服务，持续提升人们的生产效率和生活品质，还要有所不为、有所必为。”

科技向善的千里之行，我们只是迈出了第一步。所谓“知不易、行亦难”，如何把科技向善从一家公司的使命愿景拓展为全行业的共识，如何把科技向善从一种理念转化为企业技术产品研发的准则，如何把科技向善从口号真正内化为企业核心竞争力？带着这些问题，腾讯研究院访问了陈晓萍教授，期待她能够从组织行为和人力资源管理的研究角度给予我们启发。

“向善”的代价

许多人会把“科技向善”和传统的慈善、企业社会责任混同，当然这也给我们带来一些困惑，是不是“科技向善”的概念太超前了，您如何看待这三者之间的区别和联系？

陈晓萍：科技向善中“向善”的理念，也可以理解为有良知的商业逻辑。它是把所有与产品或服务相关联群体的利益，包括用户、开发人员、供应商、社区和社会整体，全部考虑到产品和服务的设计和使用当中。不仅要考虑公司和用户角度的短期收益，更要考虑相关群体长远的发展和利益。从这一点来看，科技向善和传统的慈善是不一样的。

传统的慈善做法一般是在企业盈利之后，把一部分捐给贫困地区，帮助别人解决生活困难，但是和企业自己的产品和服务没有直接的挂钩。企业社会责任是一个大名词，和科技向善相关，但其包含的范围要更广泛。在我看来，企业社会责任一方面是指企业的存在帮助社会解决了就业问题，解决了很多人的生存发展问题，企业盈利给国家交了税，也是间接为社会贡献了力量。当然也有企业额外对社会做捐赠，比如给灾区人民捐款捐物捐人力等，也是对社会承担起责任的表现。

所以科技向善与企业社会责任的理念是一致的，只是科技向善是把这个概念更深层地植入公司所做的一切事情当中去，考虑的不仅仅是股东的利益，更有所有和产品与服务相关的各方群体的利益，做综合的考量和嵌入。在这个方向的指导下，整个逻辑思维也发生变化，从原来把产品和服务做好了就能挣钱，转到从一开始思考做什么样的产品和服务，如何做这些产品和服务，怎么对待参与做这些产品和服务及它们的受众的时候就有一种高瞻远瞩的眼光，考虑到多方的长远利益。

腾讯在这个阶段提出科技向善，我认为是恰逢其时的。因为以腾讯目前的体量、收益和影响力，已经有能力这样做，并且可以带领一批公司这样做。这将会对整个中国社会的未来发展起到不可估量的积极作用。

在推行科技向善的过程中，我们碰到很多执行上的阻力。比如在内容生态上，很多文章缺乏营养但是点击量高，而且智能算法会强化这类文章的受欢迎程度，最终迎合人性中较低趣味的一部分，您如何看待这种矛盾?

陈晓萍：这是一个选择题，在科技向善和流量之间发生冲突的时候，哪一个更重要？企业事先需要模拟各种情境，讨论在不同情况出现时的举措。如果向善是企业的终极目标，那么就要考虑如果出现损失的话，企业的承受能力有多少，到了哪个临界点必须止损，然后再通过什么方法把情况扭转过来。其实，选择向善的企业，对于其运营能力、创新能力的要求是更高的，因为你要在兼顾所有相关群体利益的同时还要盈利，持续发展。

比如在内容平台上，公司通过技术可以做到把虚假信息都去掉，或者不去迎合低级趣味，短期内流量会减少，收入也少了。如果公司可以承受，也许在这个过程中，用户会感觉到你这个平台上的内容都是精品、质量很高，那么更有品位和识别能力的人，就会对你更信任，从而形成口碑效应，使流量再次增加。所以向善要考虑企业能在多大的程度上忍受损耗，因为在一开始的时候肯定是有损失的。

联系到之前我分享过的联合利华生产袋装茶的案例。子公司准备走有机茶路线的时候，一开始需要投入大量的成本去培训茶农，教育他们杜绝森林砍伐，还要支付他们更高的报酬，并且给茶农的孩子提供受教育的机会。总公司算了一笔账，发现这么做亏损相当严重，因此不同意实行。但是子公司的项目负责人有坚定不移的信念，他从“茶业向善”的理念出发，觉得从产业链持续发展的角度来看，必须善待茶农、善待土地、善待用户（喝有机茶更健康）。在经过仔细计算之后，他们决定给茶叶提价，并做了大量的宣传工作。结果，虽然一开始购买者减少了，有所亏损，但几年之后情况就完全改观了。

所以当企业抱着向善的目标的话，一方面需要有心理承受能力，另一方面要打开脑洞，想出有创意的方法来减少亏损。我相信长期的效果一定是好的，别人会因为认同你这家企业而为你的产品买单。

让用户知道并选择优质的互联网产品，需要开展漫长的用户教育，如何解决这个问题?

陈晓萍：用户的意识觉醒需要时间和等待。全食超市（Whole Foods）1987 年在美国刚刚开店时，它的理念算是非常超前的。那时候商超行业还处于低价竞争阶段。而全食坚持有机食品的理念，虽然因为价格偏高，一开始受众少，但是在几十年之后，随着人们对健康越来越重视，有机食品已经渗透到所有超市，越来越多人认同并追捧这种有机健康理念，全食因此在美国遍地开花（前年被亚马逊收购），它的盈利状况当然也好起来了。所以有的时候是要等理念成熟才能有所收获。

科技向善可能会经历一个教育的过程和等待大众成熟的过程，但这个事情总要有人先行。全食超市是先驱者，它并没有变成先烈，没有牺牲，而是很好地活下来了，并带动了整个行业对有机食品的追捧。在科技向善成为商业主导原则的整个链条里，先行的企业在早期会遇到很多困难，需要很多投资者对它们有信心才能坚持下去。

用“向善”超越竞争对手

科技向善的概念最早诞生在腾讯研究院，我们希望这样一种理念可以成为产品设计的准则，进而形成一种企业的核心竞争力。但这在实践中并不容易，您觉得科技向善有可能成为企业的核心竞争力吗？一家企业做这些事情，能改变大环境吗？

陈晓萍：我觉得可以。麦当劳是美国最大的快餐公司之一，已经称霸全球很多年了。但最近几年美国有一家快餐公司叫 Chipotle（墨式烧烤），是墨西哥风味的快餐公司，它迅速崛起，成为后起之秀。这家公司很有创意，除了给客户很大的自主选择性，他店里使用的鸡肉，全部来自放养的、没有用过激素的鸡。在美国，Chipotle 生意火爆，尤其受到年轻人的欢迎。

作为竞争对手，Chipotle 给麦当劳带来了很大的冲击。开始时麦当劳对它置之不理，但是大概四五年以后，它的存在迫使麦当劳做出了改变。第一是麦当劳推出了更加健康的食品选择，比如原来它汉堡里都会加很多芝士，现在用户可以有更健康的选择。第二是选择有机鸡肉。麦当劳在两年前做出了决定，在美国所有的麦当劳中使用的鸡肉全部都是有机的。这是它在 Chipotle 的压力下不得不做出的选择。

可以看到，像 Chipotle 这样一家小公司，倡导用有机食材，即使起步时遇到困难，但坚持下来之后，越做越大，在全美都开了连锁店，生意甚至比麦当劳还好。虽然其产品价格更高，但是有顾客愿意为它买单。这样的新企业迫使老牌玩家也做出改变，变得更负责任。

与此同时，用联盟的力量来推动向善的商业逻辑也会比较有效果。腾讯自己已经足够大，但如果还能联合同行一起来推动的话，效果和影响都会更明显。所谓同行，是在同一个领域做着类似事情的公司，它们的初衷应该是相似的，比如让用户能够及时得到准确信息，为用户提供沟通的平台，或为用户提供娱乐等。在同一行业里的公司，在某种意义上应该具有共同的愿景和目标，所以可以先联合志同道合者，慢慢形成向善的共识，联手努力，直到社会上的知识分子和普罗大众也都能够响应，能够赞赏这样的做法。与此同时，不断宣讲你们做事的动机、目标和坚定不移的信念，情愿承担短期损失也要做。这是一种面向所有人的、带有教育性质的举动。

从另外一个角度来说，假如中国有越来越多的投资者看重长远的利益，从对人类未来发展有好处的角度来考量是否投资企业的话，投资者就会愿意投入成本，并且有耐心去等待推动向善理念的成熟。资本方面也需要有长远的眼光，才会使整个企业发展有一个良性循环的效益。我个人认为一个企业是可以带动整个行业向善的。腾讯要坚持，要能够坚持住。

在讨论使命愿景时，也有人担心“科技向善”会成为被攻击的对象，您怎么看?

陈晓萍：担心被攻击不是因为“科技向善”的理念，而是实践在多大程度上跟上了理念？所以这正好提供了一个思考的角度，就是如何来解决实践和理念之间的距离。

比如游戏这件事，虽然它存在负面影响，但也有很多好处。比如游戏可以让你彻底放松，进入另一个世界，完全沉浸其中，享受心流（flow）的感觉。另外就是很多游戏要动脑筋，锻炼智力、手眼协调能力等，对开发人的潜能也有很大的好处。还有些体感游戏，可以帮助你运动、锻炼身体。

所以游戏本身有益于人的身心健康，但是玩过度了就会产生问题。但其实所有的事情，包括学习、工作，用力过度的时候都会产生问题。因此真正要解决的问题是过度游戏。如何使游戏玩到恰到好处的时候能停下来？办法当然有很多，软措施、硬措施，或者用其他更有创意的方法提高游戏人的自制力，都可以实现的。

对于小型创业公司而言，生存是第一位的，而创业公司的投资者往往更关注短期盈利，从这个角度，您能不能给国内创业者一些建议？

陈晓萍：创业者在明确自己公司向善的目标之后，要尽量游说看好向善企业的投资者，给自己做后盾。从美国这些年的情况来看，有一些投资者在20多年前就开始非常注意企业本身价值观的问题，只选择投资向善的企业。这些投资公司，很多年以来都没有赚到什么钱，但是从2019年开始它们开始赚钱了。而且现在投资向善企业的公司的比例已经增加了很多，可能有将近25%的投资公司只投使命驱动的企业，不向善的企业一概不投。我个人觉得随着共益企业（Benefit Corporation）的兴起，以及有良知的资本主义（Conscious Capitalism）概念的出现，将会有越来越多的投资者持有长远的观念。中国可能会在一段时间内出现较混乱的状态，但是希望有远见的投资者越来越多。

腾讯也是投资者，在投资企业的时候也应该把向善作为相当重要的一条考察标准，从另一个方面践行其科技向善的理念。另外，头部公司和投资基金也应该起到模范带头作用，如果他们投的很多是向善的公司，投资界的局面应该会发生很大改变，整个中国的商业生态也会发生很大变化。

互联网公司的管理“大革命”

微软、谷歌、脸书等一波互联网科技公司的兴起，给传统企业的组织管理方式带来了哪些改变？在信息革命爆发的同时，管理的革命是否也在爆发？

陈晓萍：在美国，企业管理方式在最近 30 年里发生了巨大的变化，很多是从管变成不管，不仅不管，而且主张赋能员工。当然赋能是在有一个大框架的前提之下，比方说价值理念、公司的愿景、公司的目标产值等。在大框架之下，公司给予员工非常大的自由度，给他们赋能、给他们资源，在符合法律和道德规范的前提之下，支持员工通过尝试不同的方法去达到目标，可以有各种各样的创意。

当然，其中最有名的就是谷歌公司。它有一个“奇怪”的规定，就是员工一定要把 20% 的时间花在与工作无关的事情上。也就是在每周五天工作日里有一天必须做你自己喜欢做的事，比如旅行、打球或其他爱好。正因为他们有 20% 的时间是用在爱好上面，反而从中发掘出很多有意思的创意，进而转化成谷歌一些非常有名的产品。

这样的“放”，给了员工很大的自主性。当一个人发自内心喜欢上班的时候，他对于工作的热情和激情是不一样的。年轻人中出现“丧”文化就是因为那个班不是自己想上的那种班，是别人强加了很多压力、不得不上的班。像谷歌那种完全反过来给你自由的文化，会让你自己上班上得欲罢不能。

另外一个管理方法就是让员工始终觉得能够学到新东西——有学习和自我定位。当他觉得自己越来越能干的时候，就愿意尝试更多东西，这就是能力的增长。自我提升是每个人都有的愿望，所以公司提供了很多定制的培训项目，或者提供学费让员工去大学修课等。而为了给员工减压，这些公司还专门请了瑜伽师、正念大师，随时开诊开课。

还有一条很重要的就是让大家感觉到工作的意义，觉得自己做的事情对社会有正面影响，或者实现了自己内心很大的愿望。就像腾讯提倡科技向善，对提升员工的吸引力和归属感就是有帮助的。科技向善不仅仅是口号，而且是能够落实到产品中，蕴含社会效益的。如果大家都能清楚地看见腾讯的所作所为都是抱着向善的宗旨，并且即使在实行一个相应的新举措时会有亏损，但依然执着前行，那么大家都会觉得这是一家值得尊敬的公司，是一家伟大的企业，为整个人类的文明进步起到了助推作用。能和这样的公司在一起，员工会不由自主地感到自豪。

刘海龙 | 我们正在把“判断”的权利交给算法

1882 年初，一度因为视力下降而彻底放弃写作的尼采，收到了一部德国制造的球形打字机。他靠着这台最初为聋哑人发明的古怪机器，写出了《查拉图斯特拉如是说》，其中第一部分的完工只花了 10 天功夫。

打字机在带来写作便利的同时，也影响到尼采的思维和文风。与用笔写下的《悲剧的诞生》不同，《查拉图斯特拉如是说》中长篇大论的深度思辨锐减，短小精悍的箴言和论断比比皆是。一位熟悉尼采写作风格的朋友觉察出了此中变化，并去信询问：这一变化是否与打字机有关？尼采毫不讳言：“你是对的，我们所用的写作工具参与了我们思想的形成过程。”

打字机如此，如今的智能设备更是如此。媒介技术从来就不是中性化的工具，我们使用它，它也反过来影响了我们，小到个体思维，大到整个社会运作的逻辑。今天，当智能手机、短视频、推荐算法这些技术，充斥在我们的生活之中并成为知识与思想的重要来源时，会带来哪些改变？

带着这些疑惑，我们访谈了中国人民大学新闻学院教授刘海龙。作为以媒介技术为研究路径的传播学者，他密切关注技术的演进逻辑及社会影响。尤其是近年来，新的媒介形态层出不穷，从疫情状态中人脸识别、健康码的大规模应用，到短视频，再到推荐算法，他乐见技术创造的积极变化，也担忧个体自主性的丧失。他认为，技术很重要，但最后还是要由人来做出判断，但一种趋势是，我们正在把这种判断的权利让渡出去。

过去关注符号和精神，现在关注物质的影响

提到 2020 年，无法绕开的一个标签就是“新冠疫情”。疫情期间您也有过一系列观察，比如最开始在微博上连载的《病毒的传播学》[1]。当初为什么想要做这样的一些观察？

刘海龙：从前几年开始，大家就在讨论传播学科该如何回应技术带来的变革。原因是传统的传播学，尤其是以美国施拉姆为代表的经验学派所建构的传播学关注信息的效果，他们的研究命题及研究对象太过狭窄，把自己限制在一个解决信息传播效率的技术化的范围内。在今天，信息和物质之间的这种传统的二分法其实已经在慢慢消失。所以面对新的技术挑战，我们可能更需要关注的是像大数据、人工智能，包括虚拟现实、物联网，现实环境的虚拟化，3D 打印导致的物和信息界限消失等新的技术现象。

2019 年我提出一个概念叫“新传播研究”——就是重新回到马歇尔・麦克卢汉[2]的传统，打通物质和信息之间的差异。过去我们在解读麦克卢汉的时候，往往是把他放在传统的信息传播背景下解读，但是在他的媒介概念里，并不区分传播信息的媒介和运输人、运输物质的媒介——他在《理解媒介》里谈到了几十种媒介，比如道路、汽车、货币、数字。放到今天，这个范围还可以进一步扩展，比如电力系统、自来水、物流快递……在某种意义上都是“传播”。从这个角度出发，病毒的传播其实也是一种“传播”。2020 年新冠疫情跟我的关注点正好契合，所以就借这个机会尝试系统地思考这些问题。

---

① 《病毒的传播学》最初是刘海龙老师在微博上的连载，后来被《信睿周报》整理成文，原文请见 https://mp.weixin.qq.com/s/UAg36hP8OG7s66Exze-mdg。

② 马歇尔・麦克卢汉（Marshall McLuhan），加拿大著名传播学家，著有《理解媒介》《机器新娘》等。

我最近看了一本新书《传染》，是一个研究传染病的英国学者写的，他从病毒的传播，反过来观察所有的社会传播，他认为新闻的传播、神话的传播、暴力的扩散，甚至是人的生理反应，比如打哈欠、笑的传染都遵循着和病毒传播相似的规律。他是从病毒传播的角度来看社会现象，而我正好相反，是从传播视角看病毒传染和其他社会现象，所以看到的就是另外一幅景象。

在这个过程中我发现，我们过去所总结的关于信息传播的看法，应用到对病毒的分析时就不完全适用了。比如，信息的传播是一个双向的、互惠的过程，建立在理解的基础上。而病毒的传播是建立在误解的基础上，是免疫系统错误的判断，是建立在单向、剥削、暴力的技术上。这样的一个差异，反过来能给传统的传播研究一种启发，帮助我们突破原来对传播比较狭隘的理解。比如说，标题党可以实现“病毒式的传播”，这种扩散的速度和广度其实也是建立在误读的基础上的，这才导致它的传播更快也更广，这和我们以往认识中的“先理解再传播”的模式有所区别。这使我们进一步反思，原来的信息传播概念和病毒的传播概念之上是不是还有一个更一般的传播概念，我们过去只考虑信息传播，是以偏概全了。

所以传播学者尽量去回应现实，要打破原有的对于传播的限定和狭隘理解，这就是我为什么会写那篇病毒传播的文章。

过去我们主要关注符号，关注精神，现在我们讲传播的物质性，强调物质的影响，这也是一种突破。例如身体也是一种物质，身体是连接符号世界和物质世界的一个中介，所以它既有物质性，又不是单纯的物质，而是梅洛-庞蒂所说的身体主体。病毒传播也涉及身体，也是一个身体的问题。

疫情是一种“例外状态”，但某些改变将成为常态

疫情期间诞生了很多新的媒介形式，它们同样值得关注，比如健康码、人脸识别的大规模应用，您怎么看待这些技术带来的一些可能的影响？

刘海龙：在正常的社会条件下，个人隐私是公民的权利，它涉及人的主体性。个人隐私信息的丧失意味着人失去了对自己的控制——个人的喜好、行为甚至人格都能被他人预测、评价。失去自我控制的人就很难称为“人”了，变成了被人操纵的物。这涉及人的主动性与能动性，所以隐私信息的保护非常重要。

但疫情是一种“例外状态”，所谓例外状态就是指在这种情况下，国家完全可以不理会个人的这些权利，直接介入，就像在战争中一样。疫情的情况和战争不一样，生命权被提高到了一个比自由权更高的绝对状态，这就是福柯讲的“让人活”的权利。在疫情过程中国家的介入畅通无阻，而且公众也希望国家把一切都管起来，因为例外状态就是只要享有主权的地方，所有的一切权利都需要让位。现在等于是将安全提到了一个绝对的高度，只要为了安全，可以不惜代价做任何事情，但这个过程中容易带来对个人权利如隐私权的忽略。我比较担心这种技术应用在疫情过去之后会成为常态。

今天的技术给我们提供了一个很好的监控方式，就是通过人脸识别的 AI 技术，再加上大数据的处理技术，很快会成为一个利器，这个是值得深思的事情。比如这些信息如果保存不善，被用于对我们不利的事情怎么办？毕竟人脸无法像密码那样泄露了之后可以随意改变，这一危害是不可逆的。人脸识别技术的大规模应用本身具有危险性，但是它又是以社会公共安全、生命安全的名义来推广的。所以核心问题就是怎么样重新去衡量安全和自由之间

的关系，这同样也涉及技术向善的问题。

视频化社会：抽象能力消解，逻辑思维让位

短视频、长视频是现在内容消费市场的主力，这在某种程度上表征着社会的主导媒介在由文字向视频过渡，您认为文字社会到现在的视频社会或者说短视频社会，体现了哪些技术逻辑?

刘海龙: 一个逻辑就是从“表达”到“呈现”，也就是从再现（representation）到呈现（presentation）。因为文字实际上是一个间接的描述方式，甚至电视也是，但今天的视频可能会更直接，它是呈现，会让你看到现场。过去报道灾害或者其他新闻事件，可能都是通过描写或者拍摄。现在通过无数人的手机，从无数的角度让现场呈现在你眼前。一旦数量足够多的话，其实是可以全景式地呈现。未来甚至还能发展到“体验”的阶段，事情就发生在你眼前，你就在现场，那会更加直接。所以我觉得技术会以这样的一个逻辑演进，从间接到直接，甚至到主体能够完全参与其中。

第二个逻辑是从少数人因为使用媒介而可见，到每个普通人都使用媒介而变得可见，这体现了技术的民主化趋势。普通人的可见性在媒体的发展过程中会越来越明显。当然，到了今天，也不是每个人都可见，因为还是会出现传播资源垄断，少数特别善于传播的人会更容易被看到，普通人可能发个短视频也没什么人看，但是最起码能留下一个记录，没准某个契机又会激活这个记录，令其可见。

所以顺理成章，第三个就是记录的功能会更强。斯蒂格勒说“第三记忆”会把我们整个社会的东西都保留下来。过去通过文字、器物，被保留下来的东西是很少、很有限的，少数人即使能写下来，物质媒介的保存可能也很困难。

现在每个人的生活点滴可能都会被记录下来，有没有人看是一回事，但如果有一天有人想要看是可以看到的。当然斯蒂格勒提到的“第三记忆”其实也有问题——这个记忆很脆弱。问题在于，过去是分散式的保存，比如文献，这种方式其实是比较持久的，很难被一下子全部销毁。但是现在的记忆是集中式保存，比如都存在一个服务器上，这个服务器上的数据一旦被损坏，或者是有人有意把它删掉，那真的就没了。虽然理论上讲，服务器的数据都有备份，但是我们也看到过去好多论坛倒闭了，服务器就撤了，记录就全没了，这些记忆就永远消失了。这比文字时代记录的消失容易得多。

第四个是人的思考从抽象到具象，从依赖语言到越来越不依赖语言。过去要记录，主要通过语言和文字，少数人可以通过艺术（如绘画、雕塑、音乐、建筑等）记录。到广播电视时代发生了变化，这些媒介其实从某种意义上来讲还是依赖语言的，包括现在的短视频其实也还有语言，短视频上有大量的文字，如果把文字去掉，传播效果要差很多。但未来如果真的到了 VR 时代，要体会事物，就不再需要语言了。比如，过去理解一首诗会涉及一个特别复杂的编码和解码的过程，但是一个 VR 作品，能直接让人感受到秋风是怎么吹的。关键在于，随着文字载体的消失，抽象思维就会变得越来越不重要。因为文字是抽象的，要运用理性，涉及编码的过程，编码的过程不存在，只诉诸感知表象，抽象思维能力就会下降。

与此相关的一个趋势就是“联想”式思维方式及其所带来的知识碎片化的倾向。比如短视频，它提供的是一种视觉上的超链接式、浅层的思考。这些知识碎片不能提高人的分析能力，与之相比，哲学作品的论述是一步一步深入的。所以我们去读那些很严谨的哲学著作，会发现它们就像在砌砖，每一块砖都是有用的，最后搭成一个很漂亮的结构，读者收获的知识也是成体系的。反观从短视频获得的小技巧或者一些知识付费产品上所得到的知识，表面上很容易获得，但是它们不成体系，可能很快就会被忘记。

第五个是知识的变化。除了碎片化的、浅层的知识取代体系化的、深度的知识，我们可以观察到短视频上不可言传的、与身体技艺相关联的默会知识（tacit knowledge，又称“内隐知识”）正在取代正式的、用语言表达的理性的知识。你会看到短视频上有大量依赖身体技艺走红的网红，他们之所以走红，大部分是靠天赋、悟性和反复训练。因此高学历的人如果没有掌握默会知识，在短视频上并不受欢迎。

如果人的抽象思维能力大幅下降，我们整个社会将会怎么样？

刘海龙：我们所处的是一个建立在抽象思维基础上的时代，我们的科学技术都是建立在这个基础上。那种直觉或者是感官的思维会带来什么是未知的，它会让社会进入另外一种状态，也许会更好，也许会更糟糕。但总的来讲，人的自主性会越来越弱，权力机构的统一控制能力会越来越强。

这就体现了技术的偏向。美国技术哲学家温纳认为，个体可以摆脱简单工具的影响，但是很难摆脱系统性技术的影响。海德格尔讲的“集置”也是这个道理，其认为技术是一个庞大的复杂系统，人很难逃脱被它作为“存料”的命运。你说你不使用这个技术是不是就不受技术控制了？不可能。

视频化趋势会对传播关系和知识生产产生什么影响呢？

刘海龙：如果把传播关系理解成人与人之间的连接，那肯定是越来越好了。但视频化是直观的，直观也就意味着缺少反思，因为有些情感是需要回忆、反思和重新组织与表达的，它们现在都会变得很直接，比较情绪化，反而会导致很多人不愿意表达。换句话说，为什么社会越来越“宅”，大家不愿意跟人交流，其实也跟这个变化有关系，当表达变得越来越简单，人反而不会表达了。

在知识生产方面，其实人的记忆跟电脑一样，有类似硬盘和内存的机制，随时在存储，随时在清空。传播研究发现，人平均只能记住 7 个议题，如果有一个新的议题火了，一个原来的议题就会被挤出去。同时大脑在处理复杂信息时，存储记忆的能力就会下降。视频化会让人注意力集中到画面、声音上，留给理解深度知识的带宽就减少了。但是如果读一些优秀的书，比如哲学书籍，你花很多力气一句一句读完后，也许你会忘掉观点本身，但是你经历这一遍阅读以后，这种体验会沉淀为分析能力，留在你的记忆里。

不同的媒介背后的知识体系是不一样的。短视频里面也有大量的知识，但是你会看到这些知识大部分是身体技艺和生活小窍门，比如唱歌、高难度的身体动作、做手工等，那些知识无法传授，它就是一种“身体感”，你只能够通过身体习得，很难传授，很难学习，很难被复制，所以它传递的知识也是碎片式的，总是在较表层累积。

“判断”是人的基本权利，但我们正在把它交给算法

就当下来看，短视频平台的魔力似乎是和推荐算法合谋的，算法可以根据我们的喜好来推荐内容，您怎么看待整个算法逻辑的影响呢?

刘海龙：从大的逻辑而言，我觉得算法是一个价值体系，它涉及什么东西优先，什么东西次要，什么东西对你更重要，什么东西对你更不重要，所以它是一种价值判断。

我从来不认为算法是中立的东西，它一定是个主观的东西。对于计算机

的能力，人类其实总是有一种乐观情绪，觉得它在我们的操纵和控制之下。虽然人类可以去操控或者说可以去分析它的结果，但是计算机会慢慢地把人类做判断的权利剥夺掉。《流浪地球》里有一个情节是叫莫斯的AI认为不能去撞木星，成功率是0.0001%，这就是一个判断。像人工智能应用得比较多的围棋，人类可以去逆推机器下棋背后的棋理，但是有一个东西是所有的棋手都没有办法模仿的，就是对胜率的判断。在围棋里，某个场合采取什么样的策略，是要拼命搅乱局面还是保守地简化局面，取决于你对形势的判断。但现在没有一个棋手敢挑战AI的判断，因为他们没法得出这么精确的胜率数据。但是面对巨大的不确定性，这个精确的数据真的正确吗？很多情况下这个结论几乎是不可证伪的。人和AI的不同之处在于人不敢给出这个精确的胜率，就像在赌桌上有人特别自信，压了很大赌注，那个时候很多人会因为没有自信而放弃。我觉得这会成为未来在各个领域都出现的一种趋势：AI给你的判断是没法反驳的。你有其他的替代方案吗？你有更好的结论吗？没有。

作为结果，人的自主控制能力就会慢慢被让渡出去。做判断本身就是人存在的意义。技术可以告诉你如果这么做会怎么样，但最后本应该由人来做判断，判断的过程显示出人的本性。存在先于本质，而存在就是选择和判断。海德格尔讲人的决断是人实现真正自我的前提。如果这种判断都被剥夺的话，人就不是“人”了。人可以在分析上去跟机器抗衡，但是在判断上越来越难挑战机器。这个判断就变成了计算机给你设立的这一套算法。虽然目前还没有到那一步，但是这个逻辑已经渗透到社会的方方面面，比如论文如果没通过机器查重，谁敢签字承担责任让学生毕业？如果刷脸认证没有成功，可以让人进门或者入住酒店吗？如果你的车被机器识别在一个从没去过的地方产生了停车费怎么办？……

20 世纪四五十年代，像法兰克福学派等西方知识分子都在批评“工具理性”，互联网把工具理性又提到了一个新的高度。比如前一段时间《外卖骑手，困在系统里》[①]这篇报道里提到的一些问题，大家过去可能没有意识到。因为我们总是觉得算法在给我们创造便利，而且每个人都在享受这种便利。这在某种程度上压制了不同的声音，让我们产生幻觉。但是到了某一种程度，大家会突然意识到我们可能已经走上了一条不归路。实际上任何的技术都是人和人之间的关系，到时候你还怎样去重建人和人之间的关系？

延伸下去，这篇报道里提到的现象其实涉及两个问题，一个是劳资关系，一个是人和技术的关系，这两个问题现在是纠缠在一起的，所以看上去很多劳资关系都是以技术的形式出现。技术有本身的逻辑：控制、集中化、无情。它只看算法，有自己的理性和逻辑，它的逻辑就是效率。而技术的追求效率和资本的追求效率正好形成了共谋，技术所谓追求最优化，恰好是泰勒制的精髓、资本的逻辑。资本更注重结果而不是过程，所以就会导致要追求资本的效率，投入产出要达到一个最佳的比例。在这个系统里，人被化约成数据，程序设计者们面对的不是具体的人，而是数据。这样经过层层化约，判断的权利就被交给了算法。以这样的方式来安排，可能就会把人性的东西排在后面。

---

① 人物．外卖骑手，困在系统里 [EB/OL]. (2020-09-08) [2021-02-01]. https://mp.weixin.qq.com/s/Mes1RqIOdp48CMw4pXTwXw.

常江 | 批判让技术更符合人本精神

内容的视频化正在成为一种趋势。从长视频到短视频，从个人制作到机构化生产，内容生产的门槛不断降低，受众群体也进一步扩大。而与推荐算法的结合，赋予了短视频更大的“魔力”，使之一步步地浸透到日常生活之中，并且影响我们对信息的掌握、知识的获取乃至对世界的理解方式。

如何看待信息生态的转变？我们对短视频、智能算法的担忧与疑虑，缘于两种技术本身的特殊性，抑或只是人类对新生事物的天然恐惧之循环？它们会随着技术的发展成熟而消失吗？

带着这些问题，我们前往深圳，见到了深圳大学传播学院特聘教授常江——不久之前，他刚刚离开北京，来到深圳。常江身上有太多光环：“学术男神”“微博大V”“公共知识分子”……他持续在社交平台参与社会问题的讨论，在此之外更受粉丝欢迎的，往往是他晒出的生活日常和美食图片。

我们聊的话题也不止于算法和短视频，从视觉化技术的社会影响到媒介的演进逻辑，从公共知识分子的社会参与再到性别话题，常江从多个维度分享了他对当下的思考。整个对谈时间很长，常江老师在回答问题时始终保持微笑，只有在讨论到部分议题时声音才会有所波动。每一个新问题抛给常江时，他就像早已打好草稿一样迅速作答，精准凝练并且结构分明，不禁让我们有一种错觉：周遭事物始终在他的日常观察和思考之中，而这些问题在他心中早就有了答案，这或许就是一个知识分子的基本素养吧。

如果只能接受 30 秒短视频，还如何去理解真正严肃的议题

当下的各类视频平台日益火爆，在某种程度上象征着现在社会的主导媒介在从文字向视频发生转移。您觉得这种范式的变迁，会对知识生产及社会心理产生什么影响？

常江：视觉化是人类社会知识生产模式的必然趋势，这个趋势是在过去几千年间不断发生的，而不是到了今天才出现。我们今天会觉得这是一个可以明确感知和捕捉到的趋势，是因为互联网媒体平台太强大了。其实在此之前已经有了电视，1960 年，当电视还是“新”媒体的时候，那一年它有可能改变了美国总统大选的结果，因为当时是肯尼迪和尼克松竞选美国总统，两个美国总统的候选人第一次在电视上辩论。尼克松是时任副总统，而且是一个很老辣的政治家，而肯尼迪是个帅哥，结果最后大家选了肯尼迪。所以其实从那个时候起，视觉媒体对个体认知严肃事物、学习知识、掌握信息，理解世界，就已经有了非常巨大的影响作用。

那么这个作用是好还是坏呢？其实我并不是很想做出一个斩钉截铁的回答，因为可能中间的成因和表现非常复杂，说它是好的，那是因为原来很多我们看不懂的东西，现在大家都能够看懂了。这意味着什么？意味着你骗不了我了。你跟我说这个事情是这样的，但是我的眼睛看见了它不是这个样子的，这就是一个好的地方，它让我们的知识体系、信息体系变得更加民主了。

而不好的地方是什么？那就是它会让人逐渐失去对庞大的、系统的、严肃的事物进行思考和把握的能力，这也是一个非常显而易见的过程。

已经有很多研究结果或者调查数据显示，现在的小朋友注意力不像以前那样容易集中，会非常容易对一个东西失去兴趣，这和围绕着个体成长的视

觉化环境是有关系的。当下最流行的几个短视频平台，当然我这样讲是不公平的，因为我不是这些平台的用户，可是我们还是可以从一些研究和数据上看出它们所产生的一些影响。比如说它们有好的一面，像一些传统意义上的弱势群体，如果没有抖音、快手这样的平台，可能根本就没有机会让自己的形象被其他群体所感知，也没有机会把自己生产出来的产品直接向潜在消费者进行销售，而这个过程的结果就是改变了他的生活，提升了他的生活质量。

可是当越来越多的人对超过30秒钟的东西没有足够耐心的时候，我们要想一想，他们对于世界上那些真正严肃事物的理解会是什么样子的？比如说中美关系，中美关系是不可能用30秒的视频讲清楚的，相反，它需要非常大量的、丰富的信息和很多逻辑的连接，才能够把这个问题搞清楚，而这个问题是当下理解我们国家的国际处境最重要的一个问题。如果说大部分的人都只能够接受30秒以内的这种视频信息，你让他怎么去把握这样复杂的议题？如果他把握不了这样复杂的议题，他就会对我们国家和美国的关系，以及我们国家在世界上的遭遇有不正确的理解，而不正确的集体理解可能会带来巨大的破坏性的影响。

所以我们对于技术的文化偏向，一定要从不同的方面去看，我们要看到在本质上、总体上，互联网包括短视频这种微型内容所产生的一种生态，是一种趋向于民主化、扁平化的文化。但与此同时，它也让很多不应该扁平、不应该碎片化的东西，变得扁平和碎片化了，会让我们以一种过于简单的方式去理解复杂的世界。它很有可能会制造出偏颇的舆论，很有可能会制造出所谓两极化（polarized）或者说虚无的这样一种文化氛围。长此以往，它当然会对我们整个民族精神气质造成伤害。

所以，我们要鼓励越来越多新的技术、新的平台推动视觉技术的发展，但同时也必须坚持对其进行理论的反思，进行制度、管理的反思，使其就像你们的项目名称一样，真正能够实现科技向善。

刚才您提到您不是短视频平台用户，这单纯是因为不习惯视频这种介质形式，还是说是有意躲避这种短视频及算法推送的产品？

常江：其实有两个原因。第一个原因是我对自己的自制力没有那么大的把握。我记得短视频平台刚出现的时候，虽然兴趣上没有那么明显，但是我觉得我需要研究它，需要懂它，知道它是一个什么机制。我曾经有那么几天真的就是晚上躺在床上一直在刷手机，刷到差不多了，一看已经凌晨4点了。这样的事情发生过几次之后，我就觉得很可怕。像我这种自诩自制力比较强的人都这样的话，那小孩子怎么办？那些需要把很多高质量的时间投入系统性学习、系统性的信息和知识接受中的人，他们应该怎么样去应对这种持续不断的信息流的冲击？我觉得我对自己没有那么大的信心，所以干脆就直接把它删掉，砍掉一个胳膊，永绝后患。

另外一个原因是我觉得我们每一个人在当下信息十分庞杂和良莠不齐的环境之下，必须有一种信息自律的意识。信息自律不是说我们要控制自己接受什么和不接受什么，而是我们必须对信息质量形成一个自己的判断，并且要迫使自己、鼓励自己尽可能地接受高质量的信息。虽然今天高质量的信息越来越少，高质量的信息平台也越来越少，但它依然还是存在的。

这实际上带来了另一个问题，曾经高质量的信息俯拾皆是，是手到擒来的。在街上买的报纸，打开电视看的新闻，甚至看的一部电影，哪怕是商业电影，都会跟我们讲一个完整的故事，讲述相对正常的人际关系发展的情况，这些我觉得都是高质量的信息。但在今天，这样的信息已经变得非常稀缺了，这也就使我们对于高质量信息的获取、检索和判断，变成了一种个人的素养，一种必须通过自律来完成的工作。

从我的角度来说，我是一个在新闻学院中成长和工作的人，我对信息质量的要求非常高，而且这种“高”当中有一种坚持。这其实就是新闻学院这么多年教给我的东西——我们怎样把信息元素提供齐全，怎样在事件本身和社会背景之间建立起联系，怎样尽可能地把事实和观点区分开来，这是我判断一个信息是高质量还是低质量的标准。我也会依据这个标准去选择媒体和信息平台，而有一些平台的信息就不符合我的这种需求，这是一个理性的选择。

我们正在没有任何批判性地拥抱智能技术带来的效能

其实我们现在看来，短视频的魔力更多地在于它和算法分发是相结合的，所以它能够推送我们想看的内容。算法逻辑其实也在改变知识分发的模式，由之前我们主动检索内容和信息，到现在被动接收算法分发给我们的内容。您觉得算法的这种逻辑会有哪些影响？我们应该如何应对？

常江：我觉得推荐算法是信息生产和传播的一个技术进步，同时也是一种文化进步，这是我们必须认可的，毕竟它通过一个很有效率的方式，使信息在理论上具有了更广阔的流动空间。我们不能否定它在理论上是一种相对理想的状态，但是在实际的操作过程当中，任何一种技术都一定会受到不同力量的操纵和控制，这是不能避免的。我们在接受、理解甚至应对这种新技术的时候，有很多工作是可以从信息接受者的角度来做的，今天来看，非常重要的一个工作就是我们必须对一条信息是怎样被生产出来的过程进行“祛魅”，就是必须知道一条信息是怎么来的。算法现在最大的问题是什么？它是一个黑箱，普通的民众不知道这条信息怎么就推送到我这来了，它原来是什么，经历了什么过程，使用了什么数据库，借助了我的哪些被平台掌握的信息，最后推送到了我的终端？普通人是不知道的。

这个过程是知识界和管理部门都必须做的事情，它必须让民众知道信息是从何而来的。传统媒体不太存在这个问题，因为经过这么多年媒介素养的教育，包括相对透明的生产机制的发展，大家都已经知道一条电视片是怎么生产出来的。比如我打开电视新闻看到一个报道，我知道一定是记者带着摄像机到这个地方采访当事人，这个人的影像和声音被录了进来，然后经历了剪辑并配上了字幕，最后我才能看到。所以我们对整个过程是很清楚的，这条信息如果有问题的话，就能够被发现，比如双方发生了冲突，如果这个电视新闻只采访了其中一方，没有采访另一方，那么观众会说的是为什么两个人打架，你只采访了一个人呢？因为他知道信息的生产过程是怎么样的，但是我们不了解算法，这也是好多人用“黑箱”来形容算法的原因。

我们现在必须做的其实就是把黑箱拆开。信息，尤其是公共信息，是我们整个社会公共生活的支柱性组成部分，它不应该是任何一家私营企业、互联网公司的私有财产。如果说一家公司想通过向公众推送信息来获得商业利润，那么就必须让整个技术标准公开透明，这是所有的互联网公司都应该去做的事情。有一些信息可以是高度商品化的，比如说娱乐信息，如果我是某人的粉丝，那么某个 App 每天给我推送这个人的八卦新闻，我没有意见，因为这是一个纯粹商业的、娱乐的行为，但当我们每天接收到的信息有很多是关系到国计民生，关系到我们的日常生活，甚至关系到我们的人身安全的时候，信息的生产和推送过程就不应该是“黑箱”，它一定要是一个透明、被公开祛魅的过程。

所以我本身并不反对智能技术，也并不批判算法，但是现在最大的问题是我们在没有任何批判性地拥抱智能技术带来的效能。它看似把我们从信息检索和筛选的繁重工作当中解放了出来，我们每天躺在床上刷一刷手机，就可以知道发生了什么事情，但这是假的，是一种虚幻的意识，在信息检索上的工作是不能够偷懒的，你必须对高质量的信息进行选择、接触，这应该是我们今天的一种素养。这就是我对推荐算法的看法。

正因为有大量批判存在，才让技术更具人本精神

其实短视频也好，推荐算法也好，我们对这些技术有一些担忧，但是回溯整个媒介技术的发展史，印刷书写文化出现之后，苏格拉底会对书写文化进行批评，认为它可能有损口语文化；电视出现之后，尼尔·波兹曼说电视会引发娱乐至死；互联网发展初期尼古拉斯·卡尔有一本书叫《浅薄》，他担心超链接这种形式及将记忆外包给电脑会损害人类长期的记忆和思维能力。

那我们现在对短视频和推荐算法的批评，会不会也是其中的一环，就是人类会对未知的事物都有恐惧？它们作为新的媒介，我们对其产生一些恐惧似乎也是合理的，但是事后来看之前针对旧媒介的批评，旧媒介似乎也没有造成特别大的负面影响，反而是我们的文化整体性地适应了它们。您觉得短视频和推荐算法有自己的特殊性，还是说它们可能也是对新技术的恐惧中的一环？

常江：这个问题非常好，其实这也是我们在做媒介和传播研究过程中，每个人都会去问自己的问题。我的看法非常简单。第一，任何一种媒介一定都是有优点和缺点的，这是毫无疑问的。所以我非常赞同尼尔·波兹曼，也赞同苏格拉底，赞同这些人对于新的东西保持质疑，保持反思，保持批评，不在于我反对某一种媒介而支持某一种媒介，而在于我们对于任何一个事物

可能带来的负面文化效应，都应该保持反思。不能因为电视后来变得好了，我们就说适应了它，就没有了之前的问题，也不能够因为互联网那种浅薄化的初始特征，现在可能表现得不那么明显了，我们就说它没有这个问题，我觉得不是这样的。对于新的技术保持一种质疑的精神，这是知识界应有的责任，这没有什么可辩驳的，理应如此，此为其一。

其二，当时尼尔·波兹曼说电视令人娱乐至死，但是后来我们也没有娱乐至死，但你要知道并不是波兹曼说了这些之后，电视还按照原来那个样子一直在发展，正是因为有大量反思和批判存在，才导致不同国家对电视做了各种各样严格的规制，所以，我们今天看到的电视实际上经历了人本的精神、治理的精神，或者说这是功能主义的精神，对它进行了大幅度改造的结果。

我举个例子，无论是中国还是美国的无线电视网上播放的节目，是不可以有身体裸露，不可以讲脏话的，类似规定是从哪来的？当然是要由立法来实现，为什么？因为这些电视节目是开源信号发射的，那就意味着小朋友打开电视就能够看到，这就要考虑到电视对未成年人可能产生的影响，或者说模仿效应。所以，电视已经不是尼尔·波兹曼当初所说的电视了，它是一个经过我们的反思与改造的电视。

印刷媒体也是一样。在报纸诞生之初，很多人批评它，因为彼时西方世界所有的报纸都是政党报刊，连篇累牍地去攻击对手，然后宣传本党思想。人们会认为报纸是一个党同伐异的东西，根本不能够给我们带来高质量的信息。但是后来情况发生了改变，新闻业开始变成一个行业，形成了专业的操作法则，我们开始用倒金字塔结构去写新闻，也出现了像《纽约时报》这种典雅的、把严肃当作立报之基的媒体。那么，人们慢慢就会觉得报纸跟原来不一样了。

所以，这是一个历史演进的过程，我们不能够以简单的目光去看待它，并不是说“是不是传播学者太矫情了，看什么都不顺眼，人家后来发展得也挺好的，我们也适应了”。我们要回归到历史的真实资料当中看一看，比如说报纸，比如说电视，比如说互联网，它在发展的头30年里其实经历了非常多的政策、架构、文化上的转型。如果没有那些学者最初的批判性考察，可能这些工作就不会推进得这样顺利。

媒介素养应该被放在教育中非常重要的位置上

您刚才提到了“素养”这个词，它更像是我们面对短视频、推荐算法这些新媒介的一种防御机制或者说抵抗方式，您觉得“媒介素养”这个词现在有什么新的含义吗?

常江: 自始至终媒介素养的含义都是比较稳定的，就是人们去认识、选择、解释、使用和反思信息的能力。在传统媒体时代也好，在数字媒体时代也好，媒介素养都应该是人的一种基本素养，都应该被放在教育中非常重要的位置上。

在今天，我觉得这个任务变得更加紧迫了。就像我们刚才一直在讨论的，比如短视频这样一种新型传播工具或者内容生态，它实际上对于人的认知的影响比传统媒体要更加直接和迅猛。过去，我们看了一个电视节目之后，距离把它内化成自己的世界观和行为，线程可能还比较长，但在今天，这个线程变得非常之短，比如说看到网上有人跳了一支舞，他也跳了一下，因为这个模仿起来是非常容易的，所以这样一种人的认知线程变短的现状，就决定了今天媒介素养教育的缺失已经十分凸显了。当然，这个光我说也没有用，我们必须在中小学把媒介素养的教育提升到非常重要的地位，可能我会有学科的偏见，但在我看来这应该是现在最重要的一种公民素养。

我们说公民素养包含很多类型，但是今天我们所处的就是一个被信息包裹的社会，信息数量非常巨大并且良莠不齐，它们通过各种各样的渠道传送到我们手中各种各样的终端上，那么媒介素养就变成了一个最紧迫的素养。我非常期望无论是学术界的同人，还是国家决策者，都能够重视这件事。

没有任何一场观念革命，可以在毫无冲突的情况下完成

您觉得社交媒体或者说更广泛意义上的互联网，是否带来了更多的性别平等?

常江：总体上我不这样看，我认为一种新技术在出现和发展的初期，是会有更多的赋权属性的，它会更多地赋予弱者权利。但是一旦一种新技术公司化、体制化或者国家化了，就会受到公司、体制或者国家的主导性结构的影响。实际上，当下各种类型的信息平台和互联网都已经高度公司化、高度国家化。所以我们在社交媒体诞生之初，比如说 10 年或者 8 年之前，那时我们还是可以看到非常繁荣的文化形态的，比如小众的女性文化，比如耽美文化，就是完全为了女性自己的愉悦而创造出来的虚构的叙事形式。但现在相关的文化形态实际上就已经被罪化了。

在过去的 10 年间，其实互联网在逐渐失去最初文化平等的活力，所以我总体上对这个东西不持乐观的态度，就是我们不能够认为互联网技术的发展会天然地、顺其自然地让性别更平等。我们应该做的实际上是把它的可控性当中的那些最有赋权效能的东西，进行充分的发掘和利用，然后依然还是要通过辩论，通过话语抗争的形式来把我们的诉求表达出来。

刚才也说到中文互联网世界会有很多戾气存在，因为您平时也关注女权主义话题，并会就此发表一些评论，但我们可以看到在网络上尤其是中文互联网针对女权主义话题的讨论，总会陷入一种观点非常撕裂的境地。您怎么看待这种现象?

常江：第一，性别的不平等，是人类社会一个本质性的不平等结构，因为它涉及了大概一半人口和另一半人口之间可能存在的利益和地位的差异，所以它产生的矛盾的尖锐性，我觉得是可以理解的。如果一个话题出来之后，我们的讨论根本就不尖锐，大家都能够彼此认同的话，那它就不是一个问题。所以我们首先要做好这种心理准备，没有任何一次观念的革命是可以在毫无冲突的情况之下完成的，冲突发生的本身就说明了议题的重要性。这是我建议所有要参与性别问题、女权主义问题讨论的人必须做好的一个准备。

第二，在这个过程当中所呈现出来的话语暴力的现象，我们必须明白，这样的现象越多，说明这个问题的文化重要性越高。因为一个人一定是在气急败坏的时候，才会用语言暴力的方式去发表他的意见；人什么时候会气急败坏？那就是找不出道理可讲了，才会气急败坏。一个人但凡有道理可讲，有事实依据可拿，都是不会开口去“问候”别人父母的。

如果这样的人越来越多的话，意味着什么？意味着你打到了点子上，打到了痛点上，就意味着这样的辩论策略是正确的。我们不能够因为有“喷子”而不去发表自己的观点，言语是可以伤害别人的，但是我们要看到这种伤害行为的背后，是他自己逻辑和观点的一个体现。所以我们要想到这一层，这样的人越多，越能说明关于女权主义的讨论是有价值的。

谈到话语暴力，我们之前抱有一种非常排斥、谴责的态度，但是近期整个互联网似乎对此有了更多的包容性，甚至把暴力话语转化为我们语言体系中的一部分，比如说抽象文化、抽象语言。我们对话语暴力的容忍或者说接纳，这种态度转变的背后，代表社会的文化背景发生了某种转变吗？

常江：语言的使用，一定与整个社会文化风气的发展有关，而它的尺度和边界会不断地变化。可能在一个特定的社会时期，人们讲起话来会非常自由，比如说20世纪60年代的美国，那个时候正在经历所谓反传统文化运动，我们知道那个历史阶段有第二波女权主义运动、黑人民权运动等大规模的文化运动。那个时候的英语实际上是非常奔放的，可能就存在你所说的这种情况，比如大家都不会对脏话这个东西太敏感，因为它就是脏话而已，如果能够很干脆地表达我的观点，我就可以去讲。而到了80年代之后，欧美文化向保守主义转型，里根做美国总统，撒切尔夫人做英国首相，在新自由主义这样的一个传统文化氛围里，保守的语言政策有所回潮。

互联网技术本身，在本质上就是要使语言向更奔放的方向去发展，因为实际上它相比其他媒体，受到的审查是比较宽松的，在电视上讲一句脏话肯定是不能播出的，但是你在互联网上说一句脏话，比如说网民多年前发明的那几只神兽，在被过滤体系过滤掉之前，可以在很长的时间里生存。所以这是互联网的可控性带来的文化空间，它确实能够让我们的语言变得比以前更奔放，“暴力”可能也是奔放的一部分，这是这种技术带来的一种文化趋势。

具体到我们国家目前的环境之下，我觉得我们必须对一种语言到底是不是真正的暴力语言具体问题具体分析，可能很多的语言在形式上是带着脏话的，但实际上有的表达的是一种反讽、讽刺的意思，有的表达的是一种赤裸裸的攻击的意思，所以我们必须把这个语言的使用还原到当时的具体语境之中去解释。像很多脱口秀艺人在节目上都会讲一些脏话，但我们知道这些脏话本身是为了讽刺，或者是为了自嘲，我觉得对于这样的语言是要持有宽容态度的，因为他并不是真正意义上的“暴力”，实际上是对暴力的一种嘲讽，就是他在把暴力变得可笑，甚至在某种程度上是反暴力的。真正的暴力，就像刚才我说的，当一个人没有了逻辑，没有了事实，没有了证据，也没有了修养，他只能通过这种方式来表达气急败坏的状态的时候，那么我觉得这才是真正的暴力。

陈楸帆 | 如何去想象不一样的未来

了不起的作家多少都会有一些癖好。

陈楸帆的书桌上有三样东西，一部苹果笔记本电脑、一只水杯和一尊吉尔莫·德尔·托罗的玩偶。吉尔莫·德尔·托罗是2017年奥斯卡最佳影片《水形物语》的导演，作为他最喜欢的导演之一，陈楸帆把吉尔莫奉为书桌上的偶像，一方书桌也可以是一位科幻作家的迷你神坛。

从陈楸帆寓所的客厅往外望去，四周都是层层叠叠的高楼大厦，城市里的水泥森林丝毫不影响他用文字构建一个宽广的世界。一如他所欣赏的《水形物语》所表达的对跨物种之恋的同情与理解，陈楸帆也相信，爱是一种超越时空的力量。爱也是贯穿在陈楸帆作品中的重大母题，从被翻译为多国语言的长篇小说《荒潮》，到刚刚获得第31届银河奖的短篇小说集《人生算法》，莫不如此。

通过在 *Clarke World*、*F&SF*、*Lightspeed*、*Interzone* 等欧美主流科幻杂志发表的系列科幻作品，陈楸帆逐渐在世界科幻圈建立了自己的名气，并被评论界贴上了现实主义和新浪潮的标签，成为中国80后科幻作家的重要代表。早在2014年，这个80后就向媒体发出“科幻是最大的现实主义”的断言。

2020年9月的一天，在与陈楸帆长达数个小时的访谈中，我们谈到了很多话题，包括他是如何写作的，潮汕人的身份对他的影响，在北大、谷歌、百度的经历，甚至他是否介意和AI谈一场恋爱，但是谈到最多的还是技术的影响，所有流行之物对在场的每一个人究竟会产生怎样的影响。我们期待能从一位科幻作家那里，获得关于未来的蛛丝马迹。

反英雄，对抗大机器：赛博朋克的核心是自由

您进行科幻写作的灵感来源是什么？

陈楸帆：科技的发展会给科幻作家灵感和启迪，我们从中获得素材，再组织成故事。回看历史，所有科幻蓬勃发展的时期，都是科技和生产力关系得到极大提升的时期。

我在百度和谷歌的工作经历，对我的科幻创作产生了非常大的影响。在大的科技公司，我能看到一个创意如何通过研发人员的开发，从概念变成一个产品，再推向市场，让亿万的用户去使用它。在这个过程中，可能会出现种种问题——伦理问题、法律问题、公平问题等。甚至我会去关注在互联网公司工作的人们是如何思考问题的，他们的工作方式是怎样的，这些所见所闻对我的创作有很大启发。

但是当科技发展过于迅猛，分工和分科越来越细致化、垂直化时，科幻作家会发现自己逐渐没有能力去理解所有的技术和理论，从而会产生焦虑。换句话说，科幻作家的理解能力也是有限的，他也会失语，无法把前沿的科技转化成更直观的故事。

我们飞上太空，我们有了量子计算，我们有了基因编辑技术，所有这些变成现实之后，我们怎样去书写技术，以及想象不一样的未来？我们可能需要重新思考科幻的位置和角色。回看技术发展的历史，处在技术之外的人和社会的因素还没有被关注，而这些关注恰恰是科幻所能赋予的，所以科幻应该有更广阔的视野和更宏大的雄心。

有人称您为“中国的威廉·吉布森”，您如何看待赛博朋克精神？

陈楸帆：赛博朋克的内核是自由。在所有赛博朋克的故事中，无论是什么样的主角，都是反英雄的，对抗大机器、大公司和大体制，最后的目的是把属于人的自由意志还给人。说到底，赛博朋克要对抗的是人类的机械化和数据化，或者说对抗用控制论的方式操控人类行为，所以我觉得它的核心是自由。

“自由”是个很难定义的大词。看起来，我们现在的自由越来越多了，但是从另一个角度看，自由也越来越少了。我经常遇到一种情况，我正在跟客户沟通，突然提及一个事物，当我打开一个购物网站时，突然就跳出一个弹窗。

很多时候，你以为是你自己在做选择，但很多你浏览的内容、得到的信息已经被算法筛选过了，它被刻意推送到你面前，让你做选择，但你的选择其实非常有限，这是一种自由的幻觉。科幻的力量就在于它能够揭示层层的幻觉，让你看到一个世界可能的真相，但不一定是唯一的真相。

您如何看待科幻作家所承担的角色？

陈楸帆：在这个时代，科技结合资本的力量已经非常强大了，它渗透进我们生活的方方面面。所以颂歌并不需要我们来唱，技术发展已经有足够大的声量将自己包装得光鲜亮丽，科幻最重要的一点就是它的反思精神，包括经典的《美丽新世界》《1984》，近几年特别火热的《使女的故事》，它们都是通过虚构的未来，来探讨我们当下的现实问题。

科幻作家是讲故事的人，通过故事把各种各样的信念植入人们的思想中，尤其是年轻人的思想中，就像《盗梦空间》一样。我们更多承担的是批判的角色，很难从现实层面去改变世界。我们能看到在西方的科幻作品中，批判是很主流的叙述方式，他们一直在批判当下技术加速主义所带来的危害。看起来“批判”是在挑刺，其实是一种技术发展的对冲机制，就类似股市的熔断机制一样。如果只有颂歌，人类肯定会更快地走向一条自我灭亡的道路，因为每个人都在踩油门，没有人看路、踩刹车。

将一切外包给智能设备，人类还剩下什么

您每天在写作之外用手机的时间有多久？

陈楸帆：很多。虽然很多时候不看手机，但会在电脑端登录应用、接收信息。所以有的时候我甚至会把通知全部关掉，甚至会关闭电脑网络，强迫自己聚焦。

人类大脑的设计不适合做多线程任务，但互联网是多线程的，鼓励用户高频使用，以至于我们周边的信息环境非常嘈杂，它不断弹出信息，打断我们思考的进程，被中断以后再重新回到原来的进程，非常消耗能量。

是不是在脑机接口普及之后，我们就可以把很多东西外置化？

陈楸帆：没错，比如你去坐出租车，司机其实是不认识路的，他离开导航就找不到方向了。在以前，我们觉得这种人怎么能做司机，不认路怎么能开车呢？但现在我们把很多原有的技能外包给了云端或移动端的设备。

那么，大脑最后还剩下什么功能呢？这是一个很难的问题。

我现在就在写这样一个故事，所以做了很多研究如何把互联网完全关闭，结论是这非常困难，因为它做了很多冗余式结构的设计，就算切断了海底光缆，关闭了根服务器，它依然有备份系统。只要知识和数据还在，它就能被恢复。

除非发生全球性核战争，把基础设施和数据库全部摧毁，人类才有可能回到原始石器时代重新开始。

近 20 年来，互联网带来最大的好处和最突出的问题是什么？

陈楸帆：我从中学开始接触计算机和互联网，我看着它们进入中国，变成非常普及的产品，或者说一种生活方式。它们带来最大的变化是信息的权利，这种权利分发到每个人的手里，包括信息的获取权、使用权、发布权等。它们以往被控制在中心化的机构里，但现在所有人都拥有了程度不一的信息的权利。在过去 20 年里，无论是技术的应用还是商业的创新，大部分都建立在这个基础之上。

但是最大的问题也来自于此。我们正处于历史波浪式前进的过程中，一边去中心化，一边重新中心化。科技公司掌握了大量信息数据的权利，个体对这种权利是无知的，甚至可以说受到了一定程度的误导，从而无法行使自己的权利。这是我们在下一阶段需要重点解决的问题，不仅仅是从技术的层面入手，更应该加入人文和社会的视角。

2020 年的新冠疫情让几乎所有人变成“线上动物”，您怎么看待这种趋势？

陈楸帆：成为“线上动物”是大势所趋。这个趋势并不是现在才开始的，而是从我们接触互联网那一瞬间就已经开始了，只不过疫情起到了加速作用。当整个社会都往线上转移时，线下的成本效率会远远低于线上，当然线下有很多不可替代的东西，比如人与人之间的交往，但我们已经很难再倒回线下。

2020 年以来，我会觉得跟朋友吃顿饭是很珍贵的事情。往后线上线下将进一步分化，线上强调速度和效率，线下回归情感和人与人之间的沟通。真实的不可替代的体验，肯定会变得更加稀缺和珍贵。

在疫情期间，您最担心的问题是什么呢?

陈楸帆：我觉得是疫情治理中用到的二维码、人脸识别等技术，其中涉及隐私边界的问题。我们可以看出不同的国家在疫情的反应机制上有很大差异。比如，中国反应非常快，同时有很多数据和科技来帮助防控疫情，大家能够更安全、安心地出行和生活。但是在这个过程中，你需要让渡自己的一部分数据，包括出行记录、行动轨迹、社交信息。我觉得在疫情这个特殊的情况中，这是必要的手段。但未来我们有可能发展出一种技术，类似现在的联邦学习，能够在不危及个人的数据安全的情况下，仍然可以用我们的数据做一些事情。

谈教育：自我寻找的过程在现代教育中缺失了

在“外包社会”中，下一代年轻人应该培养什么能力?

陈楸帆：我发现身边很多朋友把孩子往各种辅导班送，大家都很累，家长累，孩子也很累。“望子成龙”是非常中国式的心态。我觉得人的心智是一个弹性结构，但是现在很多技能和衡量的标准，是刚性结构。让弹性结构去适应刚性结构，是一种消耗。

我们很容易把教育引向极端化的方向，这是过度竞争导致的，人们为了获取更多资源和上升空间，不断武装自己，也武装自己的下一代，让他们无所不能。因为家长也不知道孩子能在哪一方面脱颖而出，结果就是使孩子丧失了主观能动性，不知道自己为什么存在于世界上，也不知道自己寻求的人生意义是什么。很多人因为失去生活的意义感和价值感而选择自杀，这个自我寻找的过程在现代教育体系中缺失了。

接下来教育会全面线上化。这个话题应该回归到，线上能够在多大程度上替代线下的功能？很多我们现在还不能模拟的东西，会逐渐被模拟出来，比如触感、味觉、嗅觉，有一天会通过脑机接口传输给你，世界会变成黑客帝国一样虚拟化的存在，这样一来，线上和线下之间的界限会逐渐模糊。

谈写作，AI 无法替代人类作家

您的作品《人生算法》讲述了一对双胞胎兄弟的不同人生境遇，以深圳和改革开放为大背景，这个故事有原型吗？

陈楸帆：没有具体原型，我把我观察到的一些人的状态和特点，放在同一个角色身上。1978 年是一个分水岭，在此之后的第一代大学生，他们的人生走上了完全不同的道路，所以我觉得改革开放和设立经济特区都很伟大。当我们再回去复盘这一切的时候，不禁会想，如果有选择，我们是否能够走上一条比现在更好的路？比如是否更有冒险精神？是否愿意为回报并不确定的事情付出更多？

当我回看潮汕人这个族群，发现他们身上有很多矛盾，一方面特别保守，另一方面又很激进。他们在全世界开枝散叶，除了违法行为，只要能挣钱的事他们都愿意做。原来我不觉得自己像潮汕人，但随着年龄的增长，我越来越发现自己身上“入世”的地方。比如放在作家的群体里，我非常入世。我科技公司干过，也做过商业的东西，比大部分作家更理解怎么与人谈判、合作，而且我也不排斥这些。

AI 是否会抢科幻作家的饭碗?

陈楸帆：这个问题需要分两面来看。一方面，AI 写作的水平能否达到人类现在的写作水平，目前看来是达不到的。不管是 GPT–2（一种可以生成连贯的文本段落的模型）还是 GPT–3，它的本质是数据处理，通过强大的算力，生成不同的结果。其中有两个问题：第一是逻辑性，比如一部小说前后的逻辑关系，人物之间的关系，情节上的起承转合。机器无法理解复杂的关系，这就导致 AI 无法生成一个逻辑上严丝合缝的故事。第二是情感，机器无法理解情感，它没有自己的经验和经历，只能去模拟。这让人觉得它写出来的句子好像是带有情感的，但跟人类感知情绪的方式并不相同。它更像一个粘贴组合的机器，把很多它读过的东西打乱，重新组合成一个新的故事，但读不到一个真实人类的情绪，所以 AI 写作离足以挑战人类作家的水平还有很长的距离。

但我们可以从 AI 写作中获取灵感和启发。我们跟 AI 一起创作，把人的主动性跟机器的能力结合起来。人有写作的套路，因为常年的写作会形成路径依赖。但是 AI 不存在路径依赖，它可以生产随机内容，无论是框架还是词句，有时候能发现 AI 写出来的句子让人惊艳，它更像是诗，像一种先锋派的诗歌或者散文。这能帮助作家跳出原有的套路和模式，所以 AI 提供了一个打破自己的可能性。

我之前也尝试过 AI 助手写作，效果比较初级。因为它数据量不够大，逻辑也没有很完善，所以写出来的内容缺乏逻辑性。但它写出来的某些句子还是挺让人惊艳的，因为正常的人可能不会想到这么去组合一些词语和句子，所以它可能给你带来一些眼前一亮的刺激，但是怎么样将这些刺激融入一个故事，其实是挺难的。

您现在正在创作的作品是什么?

陈楸帆：是我跟李开复老师合写的，叫《AI 2041》，关于 20 年后 AI 可能会进入哪些行业，以及如何在未来生活。我们把视角放在全球范围内，基于现有的科技成果，探讨在不同国家、社会、族群、性别及职业的背景下，人们如何在巨变之下寻找新的机会，如何应对挑战。

琳达·格拉顿｜技术进步如何改变我们的人生轨迹

技术进步改变了我们的人生节奏，新冠疫情又再次改变了我们的日常轨迹，这两者会对我们的工作和生活带来什么样的影响？当远程办公逐渐成为趋势，我们是变得更自由了还是更忙碌了？如果长寿是一种必然趋势，该如何看待职场中的中年焦虑？面对人工智能的冲击，我们该如何保持创造力？

带着这些问题，我们远程采访了《百岁人生》《长寿人生》作者、伦敦商学院组织行为学教授琳达·格拉顿（Lynda Gratton），与她一起深入探讨疫情冲击下教育、就业、医疗健康等领域的新变化，以及新兴技术所扮演的角色。

琳达·格拉顿的畅销书《百岁人生》，曾引发人们对于工作和生活的诸多思考：随着寿命的增长，受教育—工作—退休三阶段人生模式已经不再适用。面对技术、经济、教育等多重变量，我们将迎来怎样的个人工作和生活？过往的范式已经无从解答。

“远程办公”重新定义工作和生活

您怎样看待新冠肺炎疫情对工作带来的改变？

琳达·格拉顿：我注意到最重要的改变是远程办公的兴起和普及。人们逐渐意识到，他们并不需要一直在办公室工作。所以疫情帮助人们重新设想了他们的工作方式。

同时，我也发现在远程办公的过程中，人们也会想念办公室和社交活动。因此，我认为未来人们将采取一种混合工作方式，人们可以远程办公，也会使用办公室，而未来办公室的设置也会发生变化。这种混合工作方式既有好处也有局限性：最大的好处是帮助人们省去了通勤时间，人们可以重新分配时间，可以把工作时间延长，使生产力不断提高；可以把省下的时间投资在自己身上，可以多做一些锻炼，在公园里散步，或者花更多的时间陪伴孩子。在家工作的另一个好处是，人们可以控制自己的作息，为每天最重要的事情腾出时间，而不是一直在办公室里被其他事情打扰。

但是在家工作的缺点是人们变得与世隔绝。对于专业型工种来说，比如工程师、建筑师、律师等，他们职业生涯的初期需要在办公室度过，他们通过观察更资深、更有经验的员工来学习技能，这是专业知识的重要来源。第二个局限性在于合作。富有创造力的公司经常面临的挑战之一，是如何彼此靠近，以产生新的想法。尽管在线会议可以帮助实现这一点，但是面对面沟通会给人们更好的体验。在这种混合工作方式中，团队领导将会扮演一个极其重要的角色。他需要知道如何分配员工远程办公和在办公室工作的时间，使整个团队达到最高的工作效率。

您在《长寿人生》中表达了一个观点：长寿已经是一种趋势。然而不幸的是，这次新冠肺炎疫情造成全球超过上百万人死亡，您还对长寿趋势保持乐观吗？

琳达·格拉顿：当然。这场疫情让我更加意识到健康的重要性。这不会是我们有生之年见证的最后一场大流行病，还会有其他的流行病，也许会从另一个地方暴发。所以，保持健康才是应对不确定性的良药。我们都知道保持健康只关乎两件事：运动和饮食。首先，如果你想保持健康，必须每天运动 1 个小时——这就是在家办公的好处，因为在家工作省去了通勤时间，可以花 1 个小时运动来保持健康。其次，人们在家时更有可能吃到健康食品，但在办公室时，却会吃快餐和三明治。所以，新的工作方式可能是一种健康的生活方式，毕竟长寿就意味着需要保持健康。

通过远程办公节约的通勤时间，可能会让一些人有时间去运动，也可能会让一些人变得更“宅”，比如在家里追剧、刷各种视频来打发时间。您怎么看？

琳达·格拉顿：生活就是要做出选择。我在《百岁人生》一书中说过，人们应该决定自己想要过的生活，年轻人要养成更健康的生活习惯。如果年轻时没有养成这些健康习惯，那么他们在生活中所做的所有选择的后果都会随着时间的推移而累积。在家工作的时候养成健康的生活习惯，这对每个人来说都是最有益的。这意味着他们每天抽出 1 小时来做运动，并且吃健康的食物。这是人主体性的问题，就是你想要成为一个什么样的人。

更长的寿命意味着更长的工作时间吗？

琳达·格拉顿：是的。如果一个人的寿命长达 100 年，并且保持着正常的储蓄率，那么他需要工作多长时间？答案是工作到 70 岁，甚至是 75 岁。

这就是为什么我们要谈论多层级人生，在我的新书《长寿人生》中可以看到更多的相关探讨。多阶段生活意味着我们必须重新安排时间：不必将人生最后的 30 年都置于退休状态中，我们可以重新分配这些时间，早早使用这些休闲时光，抽出更多时间陪伴孩子。如果你想拥有 2 个孩子，并且能够活到 100 岁，为什么不在他们小的时候多花一些时间陪伴他们呢？当你 50 多岁时，为什么不花 1 年时间环游世界或者为慈善机构工作呢？人们在思考人生轨迹的时候可以更具创造力一些。

技术进步倒逼职业技能提升

随着人工智能的普及，一些工作逐渐被机器和算法替代。您担心下一代的失业问题吗？

琳达·格拉顿：是的，但不只是下一代。基本上，技术取代了人力工作，但它不会取代全部的工作，只是取代了一部分工作。首先，越来越多的技术含量低的人力工作会更有可能被技术取代。在中国已经可以看到这个趋势了，中国的自动化技术在世界处于领先地位，所以在中国的工厂里，经常可以看到自动化技术应用于那些技术含量低、薪酬低的工作。

另一个问题是，当技术被引入一个公司，更有可能失去工作的是那些已经超过 50 岁的员工。所以它不只是影响着年轻一代，也影响着 50 岁以上的人们。我们必须提升低技能就业者的职业技能，让他们有机会从事更有技术含量的工作。自动化往往会接管低技能的工作，这是最容易做的事情。因此，我们必须帮助那些从事这些工作的人，提升他们的职业技能。

对于公司而言，这是一个庞大的议程，但更重要的是对于政府来说，它们必须支持人们升职就业。新加坡政府在这方面处于世界领先地位。新加坡政府会给每位员工提供资金，用于提升他们的工作技能，让他们学到更多知识。因此，政府必须在这里发挥重要作用。

我认为，在此次疫情中，甚至在疫情出现之前，远程教育的普及都是一个奇迹。微软公司和IBM公司正在开发大量的线上课程，这些课程都是免费的。在印度也是这样，印度的三大IT公司——威普罗（Wipro）、印孚瑟斯（Infosys）、塔塔咨询服务（Tata Consultancy Service），会一起合作支持全体国民的教育问题。它们建立了课程体系，培养了成百上千的教师，支持孩子们的学习。

我认为中国的科技企业也可以发挥这样的作用。

您在书中提到，未来艺术家、设计师和媒体从业人员的需求量将会增加，这些领域的一个共同特征就是比较强调创造力和创新力。那么未来什么样的教育才能给我们带来更多的创造力和创新力呢？

琳达·格拉顿：是的，这是一个好问题。教授创造力是一件很困难的事。其实我认为有很多方法可以教授创造力，世界上一些优秀的设计学院知道如何做到这一点。我们只需要上这些课，不是吗？远程教育是我们通向这些帮助人们发挥创造力和提升生产力的设计学校的途径，这样我们才可能依靠较低的教育成本找到一份工作，或者开创自己的事业。但是这种教育的延展需要很谨慎。

我的另一本书叫作《转变》，就是在探讨如何成为某个领域的专家。你必须真正深入学习一些东西，不能对每个领域都浅尝辄止。如果你对每个领域都有所涉猎却不深入，那么你的大脑就像是维基百科一样。你必须深入学习，这就是我们所说的 T 型结构，你可以对很多事情都有所了解，但你必须对某个领域的知识有深入的掌握。

加班对于现代人来说是必然的趋势吗？

琳达·格拉顿：这是一个非常有趣的问题。你必须问问自己的工作效率是怎样的。工作时间的概念最初是与制造业紧密相连的。如果是一项重复性工作，做的时间越长，产出越多。但是，如果你是一名知识型工作者，从事写作或者编程工作，情况可能会有所不同。这是公司需要问自己的重要问题。

如果员工工作 9 个小时而不是 8 个小时，他们的工作效率会更高吗？实际上，我们不知道。没有大量的研究证明这一点，但是基于我个人的经验和了解，我的理论是，我可以非常专注，保持很高的工作效率，但只能一次性工作 3 个小时。因此，当我写作时，我的写作时间不会超过 5 个小时，5 个小时之后我的大脑会停止工作。因此，必须问的一个问题是人们在这么长时间内到底在做什么？他们的工作效率足够高吗？如果不是的话，你就需要考虑一下了。

不过工作小时数也是有参照系的。如果人们看到年长者工作很长时间，那么他们也会相应延长自己的工作时间。我曾说过我在日本工作过很长时间，日本有一种“出勤主义”文化。员工必须经常待在办公室里，这是他们跟老板学到的，而老板又是跟老板的老板学到的。所以新冠疫情对日本公司的影响十分显著，因为远程工作，人们不再能够进行实地的学习。这是一个非常有趣的现象。

人们的工作效率会因为工作时长的增加而降低吗？我不知道。所以，对于知识型工作者来说，要谨慎加班。我个人不提倡加班，在我自己的公司中也是如此，我不鼓励员工延长工作时间，因为他们会被透支，毕竟我们是一个知识型企业。加班太多的话，人们会想要离职，甚至患上精神疾病，无论如何，都不值得这么做。

我们发现在中国普遍存在 35 岁焦虑。许多互联网公司的员工大多是 35 岁以下的年轻人，员工到了 35 岁可能薪酬更高，更有经验，但也更容易失去工作，因为他们的工作更容易被年轻人取代，人们会随着年龄增长变得非常紧张和担忧，您对此怎么看？

琳达·格拉顿：首先我认为随着年龄的增长，如果他们能够一直坚持学习，他们的知识储备也会随之增加。这并不意味着年龄增长一定带来知识的增长，前提是你一直在学习。这就是终身学习的重要性。身边有年长的人是一件好事，他们会有更多的经验，做事不再以自我为中心，更加适合协作。

其次，也是对中国尤其重要的一点，35 岁焦虑基于的一个假设是中国的人力资源处在持续的前仆后继之中，也就是说假设会有源源不断的年轻人去替代这些 35 岁的人。但在中国并非如此。中国的社会老龄化速度超过世界其他任何国家，人们通常认为日本是世界上老龄化最严重的国家，这没错，但是中国目前正在经历的人口老龄化的转变要比日本所经历的更快。我在新书中也谈到了这一点。

因此，我认为你说的焦虑年龄值得商榷，也许 5 年、6 年或者 10 年后，这个数字就变成 45 岁了。事实上并没有那么多的年轻劳动力，没有那么多 35 岁以下的员工参与竞争。当然，在一个相对扁平化的公司结构中，对于年满 35 岁的员工来说，上升的空间是有限的。这是传统公司的优势，它是层级结构的，总有上升的空间。

薛澜 | 科技伦理机制建设要有透明度

从发布方案到正式组建，中国国家科技伦理委员会在一年多时间里快速推进；国家新一代人工智能治理专业委员会发布的《新一代人工智能治理原则——发展负责任的人工智能》，则提出了人工智能治理的框架和行动指南。在国家层面不断推进科技伦理治理体系建设的背景下，科技企业也在结合自身的业务情况进行科技伦理方面的探索和尝试。

对科技企业而言，如何面对内外部环境的变化？在推进科技伦理机制的建设中，如何让参与各方更好地达成共识？带着这些问题，我们访谈了清华大学苏世民书院院长、国家新一代人工智能治理专业委员会主任薛澜教授。

薛澜教授为清华大学文科资深教授、清华大学工程科技战略研究院副院长、清华大学中国科技政策研究中心主任，同时兼任国家战略咨询与综合评估特邀委员会委员及美国布鲁金斯学会非常任高级研究员等职务。

其研究领域包括：公共政策与公共管理，科技创新政策，危机管理及全球治理。薛澜教授曾获国家自然科学基金委员会杰出青年基金，教育部“长江学者”特聘教授和复旦管理学杰出贡献奖等奖项。

企业落实治理最有效率

疫情期间，人工智能在医学诊断、药物研发、公共管理等场景中得到广泛应用。但与此同时，人脸识别等技术的应用也引发了一些争议。您怎么看这种现象？

薛澜：对于人工智能在疫情期间的应用，社会公众的态度总体是比较积极的。从药物研发到抗疫信息交流沟通，这些工具都发挥了很大作用。作为公共管理工具，人工智能在防止疫情传播方面也做出了很大的贡献。当然在这个过程中，人脸识别等技术的应用也存在争议。但总体来讲，中国社会对人脸识别的应用，包括追踪密切接触者的技术，还是比较宽容的。

疫情期间，全社会都处于应急状态。为了更有效地拯救生命，减少给社会带来损失，个人确实需要让渡一些权利，世界上大部分国家在紧急状态下都会出现这种情况。但政府部门和公司在收集数据的过程中要充分认识到公众是在特定情况下让渡了权利的背景，要非常明确收集数据的特定目的，尽可能地缩小收集数据的范围。收集数据以后，政府和相关的技术公司应该采取相应的措施去保证数据安全。

在国家层面，有哪些措施和规划来推动人工智能伦理的落地和实施？

薛澜：2017 年公布的《国家新一代人工智能发展规划》明确提出要求，必须高度重视人工智能可能带来的安全风险挑战，加强前瞻预防与约束引导，最大限度地降低风险，确保人工智能安全、可靠、可控发展。2019 年 6 月，科技部人工智能治理专业委员会发布了《新一代人工智能治理原则——发展负责任的人工智能》，提出了 8 条比较宏观、总体性的指导原则。最近，《个人信息保护法（草案）》也提交全国人大常委会审议，并公开征求意见。

这些法律、原则和规范会从设计、开发到应用的各环节逐渐对人工智能提出新的要求和指导，从而给企业提供宏观方向的指引和参照。目前从国家层面来看，要做的是一些宏观的、机制性的框架设计。企业在人工智能技术的开发和应用方面更活跃，落实人工智能治理最有效率的可能还是去推动企业行动起来。

从发展型向规制型转变

您是科技政策方面的专家，您刚才也提到社会整体对科技行业的发展非常包容。那在面对新一代科技的发展中，整体的外部环境会有哪些变化？

薛澜：其实我们看到，所有科学技术的应用，在带来巨大收益的同时也带来一些潜在风险，最核心的问题是怎样在享受收益的同时让风险最小。

我们国家处在一个转型的过程中，科技的创新发展对促进经济转型有非常大的推动作用。前些年中国社会对科技创新的发展非常包容，主要有两方面的原因：第一，对处于发展阶段的国家而言，发展是第一要务，对能推动经济社会发展的技术，我们在应用和推广这些技术的时候都非常积极，努力创造更为有利的外部环境。这些技术带来的一些负面影响与其带来的价值相比，我们觉得可以忽略不计。也就是说，在我们的成本效益分析里，我们会把个人隐私、信息安全等潜在的风险成本看得比较低，与获得基本生活保障的收益相比，不那么重要。

在经济社会发展达到一定程度后，成本效益权衡已经开始不一样了。原来考虑不多的因素现在权重在提高，百姓对个人隐私、信息安全等原本忽略的因素更加关注，促使我们要对科技创新在社会应用方面所产生的风险和不利因素有更全面的分析和规制，从发展型国家向规制型国家转变，整个国家的规制体系建设，包括对安全、伦理问题的规范也开始不断推进。当然，相比其他国家用几十年才完成的这个转变，我们的过程被大大压缩，要在很短时间内完成其他国家很多年才能完成的事情。

在从发展型向规制型转变的过程中，怎样在鼓励创新和规制之间做一个平衡?

薛澜：在政策导向上，我们比较强调“包容审慎”。对于以互联网为基础的创新，政府的政策和社会的态度总体来讲非常宽容，从大的发展趋势来讲，这一点我相信不会变。但是另外一方面，我们也能看到政府对明显危害公众利益的事情也会坚决治理。我们这些年一直在鼓励敏捷治理。如果对于行业野蛮生长不管不顾，直到发展成很糟糕的局面，引起社会群情激愤之后，不得不出重手、严打击，最后的结果对于社会和企业都是很大的伤害和损失。但如果政府、企业和社会之间有更好的沟通，政府在看到不良苗头时及时规制，就可以避免前面的情况。

讲到规制，有些学者把规制分成两种，一种是经济性规制，还有一种是社会性规制。经济性规制就是维护公平的、竞争的市场，确保将更好、更便宜的产品或服务提供给大众。社会性规制是保证公众的利益和安全不会因为产品的负外部性而受到损害。在敏捷治理的背景下，规制者跟企业不是零和博弈的对立关系，企业要主动地帮助规制者了解技术趋势和有效治理的方法，规制者也可以基于此制定更好的政策，更好地保护公共安全。

从国际上来看，在目前的人工智能伦理讨论中，不同国家之间也有一些分歧，包括一些国际性的人工智能伦理宣言中，并没有中国企业参与其中。您怎么看这种现象?

薛澜：这确实部分反映了实际情况。我觉得可以从两个方面考虑这个问题：第一，不排除这可能是某些企业国际竞争策略的一部分，企图遏制中国企业在新兴科技领域发展的势头；第二，也不排除这些国际企业背后有国家意识形态的考虑，希望国际社会以意识形态画线。当然，我们的一些企业也可能存在不完善的地方，导致国际社会在一些问题上对我们有误解。

但我个人认为不用特别担心这个问题。首先，像目前针对中国企业在国际市场的一些极端压制手段极大地违反了国际商贸准则，很难长久，后续还是会向比较理性的方向回归。即使在目前这样比较特殊的环境下，我接触到的国际上的很多同行其实愿意，甚至特别期待中国同行的加入。因为对他们来讲，人工智能这些领域的规则的制定和讨论，如果没有中国的加入，其实是很大的缺憾。

从长远的角度来讲，这对国际社会也是很大的潜在风险。如果我们全世界有两套互相不通气的科技社会系统，这是很可怕的事情。以核武器为例，当年即使在冷战的情况下，美苏仍然签订了核武器控制的相关协定，即使是在两国关系很紧张的情况下，双方依然保持着在核技术方面的交流机制，就是为了避免互相不了解而可能导致的严重后果。所以理性的国际社会，不管是企业还是政府，都希望有沟通和交流的机制。

当然，我们自身也有需要改进的地方。在国际形势越不明朗的情况下，我们的企业越需要做得更好。如果中国企业自身做好了，海外企业跟中国企业在接触的过程中，就可能从怀疑逐渐转为理解，最后在理解的基础上尊重中国企业。我们的头部企业不仅在商场上要做得好，还要依靠我们的价值理念去赢得人家真正的尊重。

机制建设要有透明度

从科技行业来看，很多企业也在积极探索人工智能伦理如何在企业层面落地。但从提出伦理原则到落地执行，其实中间还有比较多模糊甚至有争议的地带，对这个现象您怎么看?

薛澜：其实所有的伦理问题都是模糊的，如果不模糊就是法律问题了。关于伦理问题，大家有不同的想法，是很正常的。在出现争议的情况下，机制和规则恰恰可以发挥作用。以医学研究为例，对于特定的研究是否符合伦理原则，大家可能有不同的看法，无法形成统一的意见。但是如果我们有一个审查机制，通过这个机制做出判断之后，大家都遵守，这个机制就可以把一些严重违反社会公认准则的可能性排除，而且机制本身也在不断学习、不断完善。

企业应该更主动地去做伦理机制建设方面的工作。我们已经看到，在现代科学技术的发展过程中，有些技术由于风险沟通和治理机制建设的工作没有做好，这些技术的研究和应用受到很大的限制。这些教训让我们看到，科学界如果不能向社会、公众说清楚技术到底有没有风险、有什么风险、该怎么去防范风险，最终就有可能导致公众对技术不信任，导致创新技术无法得到应用。

在人工智能领域，一些西方国家已经出现了一些对人脸识别技术应用的限制。从企业的角度，科技行业和龙头企业应该对此达成共识，在这方面更主动地做出长远的规划。

在第三次文化升级中，腾讯把“科技向善”写入了公司的使命愿景，从您的角度，有哪些建议?

薛澜：腾讯在这方面的探索和创新，我们大家都是受益者。我觉得从解决社会痛点的角度来看，企业应该花一点精力探讨，在社会比较关注但是没有商业利益的领域，是否可以做一些事情。举个例子，我始终觉得中国偏远农村的基础教育的确是一个问题。边远地区人员比较稀少，比较难有高质量的教育。在医疗方面也存在类似的问题。这些问题在传统商业模式下很难被解决，但是如果可以利用现在新兴的技术手段，就有可能去探索一些新路。

现在的互联网教育，更多的还是受市场利益驱动，给城市的孩子提供教育培训的产品很多。怎么把高质量的基础教育引到偏远地区，可能还需要更多的努力。这不一定需要花很多钱，需要的是公司和教育主管部门深入讨论，充分发挥企业的创新能力。

您提到企业的科技伦理机制建设非常重要，对于企业推进、落实科技伦理机制建设，您有什么建议?

薛澜：首先，企业要意识到伦理机制建设的重要性。其次，机制建设也要有一定的透明度，让社会相信这个机制是在真正发挥作用的。最后，现在很多企业都会发布企业社会责任白皮书，科技伦理机制也应该纳入企业社会责任当中。

企业在推进伦理机制的落地方面,应该让员工对科技伦理有基本的了解。最好的办法可能是把一些案例整理出来分享给大家。伦理准则比较抽象，讲道理也不一定很容易。如果有一些特定的案例，把这些案例背后的伦理困境分析清楚，那么员工就能从中意识到产品中潜在的伦理问题。

在这个过程中，员工甚至可能会逐渐形成科技伦理观念，能够意识到一些事情从长远来看弊大于利。有了这种意识，很多问题就可以被发现，甚至避免发生。在科技伦理机制建设上，行业的头部公司应该更主动地实践，在行业内树立标杆，如果更进一步的话，还可以推动形成行业联盟，在科技伦理方面达成共识。